U0272546

多无人机
协同控制技术

周伟 李五洲
王旭东 吴超
著

北京大学出版社
PEKING UNIVERSITY PRESS

内 容 简 介

多无人机协同控制技术是无人机专业领域未来一段时间内的研究热点，具有较强的理论研究价值和应用前景。本书首先简要介绍多无人机协同控制技术的背景意义、主要研究内容和国内外发展现状，然后深入到多无人机协同控制关键技术的解决方案上，研究体系结构设计方法、协同控制相关的数学模型和主要算法，最后介绍多无人机协同控制的仿真测试系统的设计和实现方法。让读者不但可以系统地学习多无人机协同控制的相关知识，还能够对多无人机协同控制相关的算法有一个深入的了解，而且还可以根据需要构建相关的仿真测试平台进行相关的实验。

本书内容理论扎实，算例丰富，实用性强，适合多无人机协同领域的学生和老师作为学习用书，也适合无人机行业的研发人员作为参考用书，还可以作为无人机专业的多无人机协同控制相关的课程的教材使用。

图书在版编目(CIP)数据

多无人机协同控制技术 / 周伟等著. —— 北京 ： 北京大学出版社，2019.12
ISBN 978-7-301-30898-1

Ⅰ. ①多… Ⅱ. ①周… Ⅲ. ①无人驾驶飞机—自动飞行控制—研究 Ⅳ. ①V279

中国版本图书馆CIP数据核字(2019)第245763号

书　　　名	多无人机协同控制技术
	DUO WURENJI XIETONG KONGZHI JISHU
著作责任者	周伟　李五洲　王旭东　吴超　著
责 任 编 辑	吴晓月　孙宜
标 准 书 号	ISBN 978-7-301-30898-1
出 版 发 行	北京大学出版社
地　　　址	北京市海淀区成府路205号　100871
网　　　址	http：//www. pup. cn　　　新浪微博： @ 北京大学出版社
电 子 信 箱	pup7@ pup. cn
电　　　话	邮购部 010-62752015　发行部 010-62750672　编辑部 010-62570390
印 刷 者	河北滦县鑫华书刊印刷厂
经 销 者	新华书店
	787毫米×1092毫米　16开本　14.5印张　284千字
	2019年12月第1版　2019年12月第1次印刷
印　　　数	1—4000册
定　　　价	69.00 元

无人机技术经过几十年的发展已经相对成熟，在军事和民用领域发挥着重要的作用。为了适应未来的挑战，除了提高单机的功能和效用外，还需要考虑如何以现有的技术为基础，发展更加有效的无人机管理和组织模式。多无人机协同编队作战越来越受到国内外的重视，通过多无人机协同编队作战，可以获得更多的战场环境信息，提高作战效能。

然而，面对多无人机这样一个复杂的系统，如果缺乏有效的协同控制，不仅无法体现出多架无人机的优势，甚至还会出现无人机之间发生冲突、碰撞的危险情况。特别是随着协同飞行的无人机数量的增加，其飞行时的复杂性、变化性、时变性及耦合度也随之提高，多架无人机之间进行组织和相互协调的困难程度也会随之以指数倍增长。同时，由于无人机系统本身就是一个复杂系统，多无人机协同控制将涉及编队队形控制、协同飞行控制、航迹规划、威胁规避等方面的技术问题。因而在多无人机协同控制过程中可能会出现以下状况：系统的非线性和时变性导致协同控制算法难以实时求解；多无人机系统在进行全局优化时难以找到全局最优解；各无人机之间由于资源的分配或者使用不合理而产生冲突或出现死锁；无人机之间的相对运动关系和无人机与目标之间的相对运动关系产生冲突等。故研究多无人机协同控制技术需要解决众多较难的理论问题，能够控制多架无人机的协同控制技术是使无人机能够高效完成作战任务的核心技术和重要保证。该技术对智能体间的协同控制、机器人协同控制、无人机协同控制有重要的技术参考价值，是一个有重要理论意义的课题。

本书系统地阐述了多无人机协同控制系统的设计方法和相关控制算法，特别是针对多无人机协同控制系统设计过程中的一系列重难点问题进行了详细的论述。例如，如何区分多架无人机在协同控制中的作用差异，如何建立合适的运动模型，如何处理具体运动模型中的非线性关系，如何提高控制系统的实时性，针对这些问题都提出了相应的解决方法。但是由于无人机协同控制是一项前沿的技术，发展速度非常快，各人研究的思路和方法差异很大，因此本书只是给出读者一种解决问题的方向和思路，读者可以继续深入研究。

本书内容及体系结构

第1章 多无人机协同控制技术概述

本章主要阐述了多无人机协同控制技术的背景及意义，分析了多无人机协同控制所涉及的关键技术，以及国内外在本领域的研究发展现状。

第2章 多无人机协同控制体系结构

本章主要讨论了无人机协同控制结构的设计方法，并将其分为单机控制结构设计和多机协同控制结构设计。根据无人机个体控制结构的设计目标，采用基于 Agent 的方法设计出无人机个体控制结构，在此基础上提出基于分层结构的无人机参考点选取方法；基于领航跟随方法设计了两机协同的控制结构；基于图论提出了由无人机通信图向无人机控制树转换的方法，实现了从两机协同到多机协同的扩展，并对扩展方法的协调一致性进行了分析。本章内容为后面章节中的各种具体运动模型的建立、控制策略的研究提供了必要的基础。

第3章 面向协同控制的无人机单机控制

本章分析了无人机飞行控制系统的主要功能需求，确定了设计方案，对无人机的纵向、横侧向回路进行了控制律设计，并实现了自主导航功能。通过仿真实验，验证了控制律设计的合理性及所采用方法的有效性。

第4章 基于 PID 的无人机编队运动控制策略

本章首先对无人机编队运动建模的关键点进行了阐述，然后在基本假设的基础上，以僚机航迹坐标系为参考坐标系，建立了长机与僚机的相对运动方程，为编队飞行的控制研究建立了基础。重点讨论了基于 PID 的无人机编队控制策略，为编队无人机设计了一种自动驾驶仪，并在编队相对运动模型的基础上，以僚机的推力、迎角和滚转角为控制量，设计了基于 PID 的控制器，并通过仿真实验验证了设计的合理性和有效性。

第5章 基于滑模控制的无人机编队运动控制策略

本章主要研究的是无人飞行器编队控制方法，重点对其中的两种控制方法进行了研究，最终确定高阶滑模控制的跟随领航者法为本章适用方法，并通过仿真实验验证了算法的可靠性和稳定性。

第6章 基于预测控制的无人机编队运动控制策略

本章阐述了无人机编队队形控制的概念，分析了无人机编队飞行的相对运动，以领航无人机航迹坐标系为参考坐标系计算相对位置误差，纵向控制通道采用高度保持控制通道，横侧向控制通道采用模型预测控制设计编队队形控制器，通过控制跟随无人机达到队形控制的目的，仿真结果达到了预期的目标。

第7章 基于多模型预测控制的无人机编队运动控制策略

本章主要阐述了当环境中没有障碍物等危险因素的时候，采用领航跟随法，以领航无人机航迹坐标系为参考坐标系建立离散化的相对运动方程，然后获得系统的状态特征点。接着通过将状态点线性化建立多模型集，再借鉴 T-S 模糊控制器的思想提出模型集加权方法。最后基于多模型的方法进行预测控制，实现巡航编队控制器的设计，通过控制跟随无人机实现编队队形控制。

第8章 危险状态下的无人机编队运动控制策略

本章针对无人机编队在飞行中遇到山峰等障碍物或即将发生碰撞等危险的情形，通过多无人机协同航迹规划，研究危险状态下无人机编队的避障问题。在危险状态下，利用层次分解策略，将无人机编队的整体最优航迹的求解分为三个层次，即构建 Voronoi 图；利用 K 路径算法为各无人机找到 K 条备选航路；然后建立协同函数和协同变量，为各无人机规划出既能满足时间协同要求，又能满足整体代价最优（次优）的障碍物躲避航迹。此外，又针对有可能出现的几种特殊情况，提出了无人机编队飞行通行规则，用以解决无人机在避障飞行过程中有可能产生的碰撞冲突问题。

第9章 单无人机目标跟踪飞行控制策略

本章首先介绍了无人机运动建模、姿态控制器设计和自动导航系统设计的相关方法。然后重点进行了无人机目标跟踪控制器的设计，先建立无人机目标跟踪运动模型，由于无人机目标跟踪的控制模型是一个非线性多输入、单输出系统，为了解决预测实时性问题，又在阶梯式预测控制的基础上提出了模糊阶梯式预测控制方法，采用模糊控制器来获得阶梯因子，提高了控制精度和效率。最后通过对直线运动目标和机动目标进行仿真实验，验证了控制策略的有效性。

第10章 多无人机协同目标跟踪飞行控制策略

本章建立了协同目标跟踪飞行控制模型，提出了基于粒子群预测控制的无人机协同目标跟踪飞行控制方法。采用领航跟随法，领航无人机采用单机目标跟踪飞行控制的方法进行控制；对于跟随无人机，先在地面坐标系建立了无人机协同目标跟踪相对运动模型，然后确定性能指标，将其预测控制问题转化为多目标约束非线性规划问题。利用改进的分层序列法将该问题转化成两个非线性单目标优化问题，采用粒子群算法进行非线性优化，并针对约束和局部收敛问题，用改进的区分可行解和不可行解的方法进行约束处理。采用基因变异的思想解决局部收敛问题，提出了无人机协同目标跟踪预测控制的滚动优化基本步骤。最后通过仿真实验验证了控制策略的有效性。

第11章 多无人机协同航迹规划方法

本章对无人机编队飞行中的航迹规划方法进行了归纳、分析和总结，简单介绍了几种经典的航迹规划方法，然后分别对两种不同的算法进行了改进和仿真，并选用了适合三维编队飞行的一种算法，从而获得了无人机的可飞航迹。

第12章 基于 Muti-Agent 的无人机协同控制仿真平台的设计与实现

本章基于 HLA 标准设计并实现了针对协同控制飞行过程的三维仿真测试平台，用户只需要了解算法的实验终端工作站的接口，就可以设计自己的算法并在该仿真平台上进行实验。该仿真平台为用户进行多无人机协同控制算法的理论验证、算法实验、三维实时仿真提供了支持。最后采用该仿真平台对编队控制算法、多机目标跟踪飞行控制算法进行了三维仿真实验，可以看出该仿真平台能够实时地进行仿真实验。

本书的读者对象

本书适合任何对无人机技术感兴趣的人员，或相关领域的研究人员、高校师生、从业人员。书中列举了无人机协同控制的主要研究方法，具有一定的深度和前沿性，算法具有一定的创新性，对相关人员进行核心算法研究具有启发作用。

尤其推荐以下人群阅读本书。

- 无人机相关领域的研究人员。

- 从事无人机协同技术研究的高校老师和学生。

- 无人机行业的研发人员。

在本书的写作过程中，魏瑞轩、董志兴和刘月等老师和专家给予了很多帮助和指导，在此表示感谢。因受作者水平和成书时间所限，本书难免存有疏漏和不当之处，敬请指正。

目录
CONTENTS

第1章 **多无人机协同控制技术概述**

1.1 多无人机协同控制的背景与意义 2

1.2 多无人机协同控制的关键技术 4

　1.2.1 多无人机协同控制体系结构 4

　1.2.2 单无人机控制方法 4

　1.2.3 多无人机巡航编队飞行控制方法 4

　1.2.4 多无人机目标跟踪编队协同控制方法 5

　1.2.5 航迹规划 5

　1.2.6 多无人机协同控制仿真测试平台的设计 6

1.3 国内外现状研究 6

　1.3.1 多无人机协同控制结构发展现状 6

　1.3.2 多无人机固定距离编队飞行控制发展现状 8

　1.3.3 多无人机目标跟踪编队协同控制发展现状 10

　1.3.4 多无人机航迹规划技术发展现状 11

　1.3.5 多无人机协同控制仿真测试技术发展现状 11

　1.3.6 现状分析 14

1.4 本章小结 14

第2章　多无人机协同控制体系结构

2.1　多无人机控制结构现状分析 ··· **16**

2.2　多无人机协同控制结构设计思路 ································· **16**

2.3　面向协同控制的无人机个体控制结构 ····················· **19**

　　2.3.1 面向协同控制的无人机个体控制目标 ················· 19

　　2.3.2 基于 Agent 的无人机个体控制结构设计 ············· 21

2.4　多机协同控制结构 ··· **24**

　　2.4.1 多机协同控制结构设计目标 ····························· 24

　　2.4.2 参考点的选取方法 ·· 26

　　2.4.3 两机协同控制结构设计 ···································· 27

　　2.4.4 基于图论的两机协同控制到多机协同控制方法 ········ 28

2.5　本章小结 ·· **32**

第3章　面向协同控制的无人机单机控制

3.1　无人机运动建模 ··· **34**

　　3.1.1 参考坐标系 ··· 34

　　3.1.2 运动参数 ··· 36

　　3.1.3 无人机运动方程 ··· 37

3.2　无人机飞行控制系统设计 ····································· **41**

　　3.2.1 飞行控制系统的基本设计思路 ··························· 43

　　3.2.2 飞行控制系统功能组成 ···································· 45

3.3　纵向回路控制律设计 ·· **46**

　　3.3.1 PID 控制算法 ·· 46

　　3.3.2 俯仰角控制律设计 ·· 49

3.3.3 高度保持 / 控制模态控制律设计 50

3.3.4 速度保持 / 控制模态设计 51

3.4 横侧向回路控制律设计 52

3.4.1 姿态稳定与控制 52

3.4.2 航向保持 / 控制模态控制律设计 53

3.5 仿真结果 53

3.6 本章小结 55

第4章 基于 PID 的无人机编队运动控制策略

4.1 无人机编队条件假设 57

4.2 无人机编队运动建模 58

4.2.1 参考长机的选择 58

4.2.2 参考坐标系的定义 59

4.2.3 无人机质心运动方程 60

4.2.4 相对运动模型 61

4.3 模型分析 64

4.4 基于 PID 的无人机编队控制策略 65

4.4.1 编队运动分析 65

4.4.2 自动驾驶仪 67

4.4.3 编队控制器 68

4.5 仿真实验 74

4.6 本章小结 76

第5章 基于滑模控制的无人机编队运动控制策略

5.1 编队数学模型 78

5.2 控制策略与设计 80

　5.2.1 路径跟踪 81

　5.2.2 编队控制 83

　5.2.3 编队跟踪 83

　5.2.4 编队策略的扩展与改进 85

5.3 仿真验证 85

5.4 本章小结 90

第6章 基于预测控制的无人机编队运动控制策略

6.1 编队队形调节机制 92

6.2 模型预测控制 93

　6.2.1 模型预测控制的发展 93

　6.2.2 模型预测控制的基本原理 94

6.3 无人机编队队形控制 97

　6.3.1 编队相对运动分析 98

　6.3.2 编队队形控制器设计 99

6.4 仿真结果 102

6.5 本章小结 104

第7章　基于多模型预测控制的无人机编队运动控制策略

7.1　多无人机巡航编队控制系统设计思路 **106**

7.2　基于多模型预测控制的无人机编队控制方法 **107**

7.2.1　参考坐标系的选择 107

7.2.2　无人机巡航编队飞行控制运动学模型 107

7.2.3　无人机巡航编队的运动离散模型及预测控制分析 110

7.2.4　基于多模型控制方法的无人机巡航编队预测控制 111

7.3　仿真实验 **119**

7.3.1　领航无人机直线平飞下的编队仿真 119

7.3.2　领航无人机转弯飞行下的编队仿真 121

7.4　本章小结 **124**

第8章　危险状态下的无人机编队运动控制策略

8.1　危险状态下的航迹规划问题 **126**

8.2　基于层次分解策略的无人机编队避障 **127**

8.2.1　编队避障行为控制层设计 128

8.2.2　编队避障任务管理层设计 131

8.2.3　编队避障航路控制器设计 133

8.3　特殊情况下的无人机通行规则 **134**

8.4　仿真实验 **135**

8.5　本章小结 **137**

第9章　单无人机目标跟踪飞行控制策略

9.1 单无人机目标跟踪控制系统设计思路.....................139

9.2 无人机飞行姿态控制 140
9.2.1 无人机运动模型.....................140
9.2.2 非线性模型线性化.....................142
9.2.3 姿态控制器的设计.....................143

9.3 无人机自主导航控制 144
9.3.1 航线跟踪.....................144
9.3.2 航线切换.....................145

9.4 基于模糊阶梯式的单无人机目标跟踪预测控制.....................146
9.4.1 单无人机目标跟踪的运动模型.....................146
9.4.2 单无人机目标跟踪运动的离散模型及预测控制分析.....................147
9.4.3 单无人机目标跟踪的指标优化.....................149
9.4.4 单无人机目标跟踪的滚动优化求解.....................150

9.5 仿真实验.....................155
9.5.1 目标为直线运动时的仿真实验.....................155
9.5.2 目标为机动运动时的仿真实验.....................157

9.6 本章小结.....................159

第10章　多无人机协同目标跟踪飞行控制策略

10.1 多无人机协同目标跟踪飞行控制系统设计思路.....................161

10.2 协同目标跟踪飞行运动建模.....................162

10.3 基于粒子群优化的协同目标跟踪飞行预测控制 **164**

10.3.1 多无人机目标跟踪离散模型及预测控制分析 164

10.3.2 确定预测性能指标 166

10.3.3 多目标优化的单目标优化转化 167

10.3.4 基于粒子群算法的非线性滚动优化问题求解 170

10.4 仿真实验 **175**

10.4.1 目标为直线运动时的仿真实验 175

10.4.2 目标为机动运动时的仿真实验 178

10.5 本章小结 **182**

第11章 多无人机协同航迹规划方法

11.1 航迹规划常用算法 **184**

11.2 改进动态规划算法的航迹规划 **185**

11.2.1 路径节点生成 185

11.2.2 最短路径生成 190

11.2.3 仿真验证 191

11.3 改进遗传算法的多约束航迹规划 **191**

11.3.1 航迹编码方式改进 192

11.3.2 满足约束的航迹染色体解码实现 195

11.3.3 建立地形与威胁模型 199

11.3.4 建立航迹适应度函数 201

11.3.5 设计遗传操作算子 203

11.3.6 仿真验证 203

11.4 本章小结 **205**

基于 Muti-Agent 的多无人机协同控制仿真平台的设计与实现

第12章

12.1 **多无人机协同控制视景仿真系统设计** **207**

12.1.1 多无人机协同控制视景仿真系统功能描述 207

12.1.2 多无人机协同控制仿真系统结构 209

12.1.3 软件运行流程 210

12.2 **实现多无人机协同控制仿真系统的关键技术** **211**

12.2.1 无人机运动学仿真实现方法 212

12.2.2 无限大地形生成方法 214

12.2.3 细节场景的管理和实现方法 215

12.3 **视景仿真实验** **215**

12.4 **本章小结** **218**

第 1 章
多无人机协同控制技术概述

多无人机协同控制技术是研究多架无人机协同飞行执行特定任务的飞行控制思路和策略的技术，该技术对智能体间的协同控制、机器人协同控制等技术有重要的参考价值，是一个有重要意义的课题。

1.1　多无人机协同控制的背景与意义

无人飞行器简称无人机（Unmanned Aerial Vehicle，UAV），是一种由动力驱动、机上无人驾驶、可控制、可执行特定任务，并可重复使用的航空飞行器。无人机在国防和国民经济建设、科学技术发展中具有广泛的应用。在以信息为主的现代电子战中，无人机可以用来执行侦察、监视、设置假目标、电子干扰等任务；在国民经济建设方面，无人机可用于大地测量、气象观测、城市环境监测、地球资源勘探、森林防火和人工降雨等；在科学研究方面，无人机可用于大气取样，对核、生、化污染区进行取样与监测，新技术实验研究等。

目前国外正掀起一股无人机的研制热潮，美国仅 2006 年用于无人机研究的经费就达到 20 亿美元。高新技术特别是信息技术的迅猛发展，给无人机的发展带来了良好的契机。无人机的发展呈现出以下趋势。

（1）高空化、长航时化。在未来战争中，高空、长航时无人机将成为侦察卫星和有人驾驶战略侦察机的重要补充和增强手段。

（2）小型化、智能化、通用化、模块化。随着微电子技术和纳米技术的飞速发展，未来的无人机将向微型化和小型化发展，各种型号的无人机的机载设备将实现通用化。

（3）低造价、低损耗。未来的无人机在造价和损耗以及维护方面的费用将大大降低。

对于单架无人机，虽然具有机动性强、隐蔽性强、适应性强，以及不会给人带来生命危险等许多有人机无法比拟的优点，但仍然存在一些问题，主要有以下几个方面。

（1）在执行任务的过程中，由于各种意外而造成无人机中途出现故障，必须中断任务返回维修。这对民用可能影响不大，但在战争中有可能会因贻误战机而破坏整个作战计划。

（2）在侦察范围和目标跟踪方面，单架无人机的侦察范围有限，有可能遗漏目标。同时由于搭载的设备有限，要完成一件比较复杂的任务时，有时必须出动多次。

（3）在作战范围、杀伤半径、摧毁能力、攻击精度等方面存在不足。

无人机技术经过几十年的发展已经相对成熟，在军事和民用领域发挥了重要的作用。为了适应未来的挑战，除了提高无人机的性能外，还需要考虑如何以现有的技术为基础，发展更加有效的无人机管理和组织模式。考虑到单架无人机作战的不足，专家们提出了多无人机协同编队作战的概念。所谓多无人机协同编队作战，就是将多架无人机按照一定的形状进行排列，并使其在整个飞行过程中保持稳定队形，避免相互碰撞，从而执行作战任务。

多无人机协同编队作战具有以下优点。

（1）可以在协同编队中加入备用的无人机，以保证整个协同编队能够在发生意外情况后继续执行任务，提高抗突发事件的能力。这种可靠性和冗余度在复杂多变的任务中（特别是战场上）尤为重要，也是多无人机协同编队作战的突出特点和优势。

（2）可以提高无人机的整体效率。通过合理的管理，采用一定的队形进行协同编队，执行任务的成功率比单架无人机高。编队无人机可以分散搭载设备，将一个复杂的任务拆分为几个简单的任务，分配给编队中的不同成员，使任务能够一次完成，执行任务效率高。

（3）可以从不同角度对同一目标进行全方位攻击，扩大打击范围，提高杀伤力和命中率。也可以同时对多个目标实施攻击，扰乱敌方防空体系。

（4）在气动效率和结构强度方面，多无人机编队飞行可以获得整体上的阻力减小，节省能量。对近距离协同编队来说，可以获得相当于大展弦比飞机的气动性能，同时不至于降低飞机的结构强度，也不会增加飞机的重量。

因此，使用多无人机协同编队作战，可以获得更多的战场环境信息，具有可行性高、灵活性高、效率高以及所用能量少等单架无人机无法比拟的独特优势。在未来战争中，仅靠单架无人机自主作战，无法应对复杂的战场环境也无法达到多任务、多目标的攻击要求。而多无人机协同编队作战能充分利用资源，表现更为出众。随着各国对无人机在军事领域应用的进一步研究，多架无人机编队参与战斗、协同攻击敌方目标必将成为一个新的发展趋势。而多无人机协同编队作战中的多架无人机之间的协同控制是关键所在，这属于一个较新的研究领域，涉及的关键技术较多，许多研究机构已经在积极进行这方面的试验与研究。

面对多无人机这样一个复杂的系统，如果缺乏有效的协同控制，不仅无法体现出多架无人机的优势，甚至还会出现无人机之间相互冲突、碰撞的危险情况。特别是随着协同飞行的无人机数量的增加，其复杂性、动态性、时变性及耦合度也随之提高，多架无人机之间进行组织和相互协调的困难程度也会随之以指数倍增长。

同时由于无人机系统本身就是一个复杂系统，多无人机协同控制将涉及编队队形控制、协同飞行控制、航迹规划、威胁规避等方面的技术问题。因而在多无人机协同控制过程中可能会出现以下状况：系统的非线性和时变性导致协同控制算法难以实时求解；多无人机协同在进行全局优化时难以找到全局最优解；多无人机系统中的各无人机之间由于资源的分配或者使用不合理而产生冲突或出现死锁；无人机之间的相对运动关系和无人机与目标之间的相对运动关系产生冲突等。故研究多无人机协同控制技术需要解决众多较难的理论问题，能够控制多架无人机的协同控制技术是使无人机能够高效完成作战任务的重要保证和核心技术。

在此背景下，研究多无人机协同控制的控制策略，并建立相应的仿真系统，对控制策略进行验证，可以挖掘无人机的作战潜能，使无人机在未来战场上的优势得以充分发挥，达到协同作战的要求，并推动国内多无人机协同控制技术的发展。

1.2　多无人机协同控制的关键技术

从 1.1 节的分析可知，多无人机协同控制系统主要涉及多无人机协同控制体系结构设计、编队队形控制、协同飞行控制、航迹规划、威胁规避等关键技术。由于单无人机控制技术是多无人机协同控制的基础，因此可以先研究单无人机的控制技术，然后在此基础上研究多无人机编队控制器。多无人机协同控制主要包括以下六大关键技术。

1.2.1 多无人机协同控制体系结构

多无人机协同控制体系结构是指构成该系统的无人机、控制站和其他智能实体之间的逻辑和物理上的信息关系和控制关系，以及观测、评估、决策、行动等要素在系统中的时空分布。在未来战争中，多无人机协同控制面对的是一个不断变化的环境，其控制系统将是一个复杂的系统，如何设计一个高效的协同控制体系结构成为首要的研究问题。

1.2.2 单无人机控制方法

单无人机控制系统首先需要实现无人机的姿态控制，在此基础上，通过自主导航功能飞行，并通过单机飞行控制实现巡航飞行或协同跟踪飞行。

1.2.3 多无人机巡航编队飞行控制方法

巡航编队飞行是无人机任务执行过程中的重要阶段，巡航编队飞行控制策略的优劣将是多无人机能否顺利到达目标区域，以及能否在任务执行完毕后顺利返航的决定性因素，也是编队进行更远距离飞行的保证。所谓巡航编队控制，是指多架无人机在巡航过程中既能保持某种既定有利队形，同时又能适应恶劣环境（如存在障碍物或者空间的物理限制）的控制技术，是一个具有典型性和通用性的多无人机协同控制技术。其主要是控制整个编队在飞行中保持稳定，并能根据任务的要求实现队形的调整，以及避碰和避障等。巡航编队控制主要包括队形设计、队形形成、队形保持、队形重构等。

1.2.4 多无人机目标跟踪编队协同控制方法

无人机目标跟踪阶段是无人机执行任务过程中最核心的阶段，多无人机目标跟踪编队协同控制方法的优劣对于多无人机协同目标跟踪的精度和任务成功率起着决定性的作用，对获取的跟踪信息的连续性也起着关键作用。多无人机协同目标跟踪是多无人机协同的一个重要军事应用，目标跟踪编队控制与巡航编队控制的区别在于：巡航编队控制主要是协调无人机之间的相对运动关系，而目标跟踪编队控制在协调无人机相对运动关系的同时，还要协调各架无人机与目标的相对运动关系。后者主要是保持跟踪编队的稳定性，并能根据任务的变化、目标的行为实现对编队队形的调整，以及实现避碰和避障等。多无人机协调目标跟踪主要包括协同跟踪队形的形成、保持和重构等。

1.2.5 航迹规划

航迹规划是无人机编队飞行的关键技术之一，也是提高无人机作战效能、实施远程精确攻击的有效手段，在现代战争中具有广阔的应用前景。无人机航迹规划就是指根据已知的敌情和地形信息，从出发点到目标点，寻找一条综合指标最优的飞行路线。无人机航迹规划技术涉及飞行力学、自动控制、导航、雷达、火控、作战效能分析、人工智能、运筹学、计算机和图像处理等多个学科和专业，需要考虑的问题很多，主要包括以下 3 个方面。

1. 地形和敌情信息处理及建模

航迹规划需要的信息中，最为重要的是地形信息和敌情信息，它们直接决定了规划航迹的质量，一般通过卫星和情报手段获得。由于航迹规划的大部分工作由计算机完成，因此获得的信息必须转化成计算机能够直接处理的各种数据库。对于地形信息，需要建立数字地形数据库，如美国的 DTED（Digital Terrain Elevation Data，数字地图高程数据）。对于敌情信息，要分析出敌方防御系统的雷达探测区、火力杀伤范围和相应的地形遮蔽区等，并将其添加到相应的敌情信息数据库中。

2. 威胁突防模型

要使无人机以最大生存概率成功地完成任务，对威胁进行分析和建模是必不可少的。无人机进行低空突防时，受到的威胁主要包括地形地物威胁、电磁干扰威胁、雷达探测威胁、防空火炮和地空导弹攻击威胁。威胁突防模型由敷设在相应地形模型上的不同威胁模型、地形遮蔽算法和与雷达散射截面积数据有关的无人机模型组成。建立这些威胁模型，通过优化航迹指标，使航迹规划满足所受威胁程度最小、生存概率最高的要求。模型的繁简直接决定了航迹规划的精度和速度。

3. 航迹规划算法

航迹规划算法是航迹规划的核心。在规划静态航迹时，采用何种算法决定了所生成航迹的合理性与可靠性；在规划动态航迹时，采用何种算法决定了规划的实时性与有效性。因此，研究航迹规划算法对于无人机自动航迹规划的实现具有非常重要的意义。

1.2.6 多无人机协同控制仿真测试平台的设计

多无人机协同控制属于一个较新的研究领域，距离实际应用还有一段时间。虽然有些研究机构已经在积极进行这方面的试验与研究，但是由于理论还不成熟，因此直接使用真实无人机来验证飞行控制理论无疑大大增加了试验风险和成本。仿真技术的飞速发展，为解决和处理这些问题提供了新的方法和途径。采用仿真技术研究实际系统，具有可控性高、无破坏性、安全性好、灵活性高以及可重复等特点，并且有利于缩短试验和研制周期，提高试验和研制质量，以及节省试验和研制经费，特别是在航空航天等与国防科研有关的行业，已经显示出了巨大的社会和经济效益。因此，建立多无人机协同控制仿真系统，将无人机协同控制数据信息以更简单、更易理解的图像形式展示，为分析、设计和检验多无人机协同控制方法提供平台，是一项需要研究的关键技术。

 ## 1.3 国内外现状研究

多无人机协同编队作战是未来无人机发展的一个重要方向，多无人机协同控制理论和其应用价值已经成为国内外研究的热点。在研究多无人机协同控制结构和仿真系统时，不可避免地要参考单无人机控制结构和仿真系统的相关研究。而多无人机巡航编队飞行控制的研究与传统意义上的多无人机固定距离编队飞行控制的研究具有一致性，这两项研究互相具有参考价值。同时，研究多无人机目标跟踪编队协同控制的前提是研究单无人机目标跟踪飞行控制。本节将从多无人机协同控制结构、多无人机固定距离编队飞行控制、多无人机目标跟踪编队协同控制、多无人机航迹规划技术、多无人机协同控制仿真测试技术 5 个方面对国内外研究现状进行阐述和分析。

1.3.1 多无人机协同控制结构发展现状

多架无人机作为整体协作的时候，一般可以把每一架无人机看成一个智能体或者一个空中机器人，所以对无人机协同控制结构的研究一般是基于多智能体系统（Multi-Agent System，MAS）的协调控制结构或者多机器人控制结构的。国内外的研究主要集中在两个方面，一方面是协同一致性相关理论的研究，另一方面是具体的控制结构的设计。

一致性是分布式算法中的一个重要内容。在无人机协作系统中，一致性是指随着时间的变化，系统中所有无人机的状态趋于一致或者就某个决策做出相同的判断。关于多无人机系统协同控制结构方面的研究主要包括以下内容。

（1）针对多移动机器人系统中存在的有限距离通信和有限传感器问题，设计了四层协同构架，采用固定编队的方法导航到目标位置，提出了一种基于图论的协调控制算法，利用自适应控制器来处理机器人协同中的不可预见的动态特性。

（2）将协同控制系统看成由图表示的动态系统，将其控制问题转换成有约束的最优控制问题，提出面向 RHC（Receding Horizon Control，滚动时域控制）的协调控制框架。基本思路是将集中式 RHC 控制器分解成不同的小型 RHC 控制器，每一个 RHC 控制器将关联到不同的节点，并基于自己节点和相邻节点计算局部的控制输入，其分布式控制将由严谨的数学框架组成，这样既能满足控制约束，又能保证协同的稳定性。

（3）提出了面向多无人机系统的混合主动控制构架，实现了危险模式下的自主导航控制，将无人机控制问题划分成有等级的、有标准任务组件的层级：协同管理层、单机管理层、信息处理层。其中协同管理层主要是处理无人机之间的协同问题，比如任务分配等；单机管理层主要是接受上层的命令，进行自主飞行控制；信息处理层主要是接收各架无人机的传感器信息和通信信息并进行相应的处理。通过这些层级的相互配合，实现无人机协同的一致性。

（4）在扩展了一阶动态系统协同一致性的基础上，提出了面向二阶动态系统的多机协同的一致性方法。这种算法可以合理选择信息状态应用于固定编队中，并且将基于行为、领航跟随、虚拟结构等方法统一到一个基于一致性的框架内。这种一致性框架只需相邻两架无人机进行信息交换即可实现编队保持。

控制结构的设计方法主要有跟随领航法、虚拟结构法、行为分解法。

（1）跟随领航法是最为常见和直观的方法。其基本思想是：在由多架无人机组成的无人机编队或者集群中，存在一架整个团队的领航无人机，而其他无人机都会对应这一个领航者，但同时也可以充当领航者的角色。基于该控制结构，领航无人机起着位置导航作用，跟随无人机则通过计算与其对应的领航无人机的相对距离来确定控制量。采用该设计方法的文献较多，均是根据这种控制思路来设计控制结构，然后通过相应的控制率设计来实现无人机固定距离编队。

（2）虚拟结构法即在多架无人机对象之间形成一个刚性结构，无人机则为这个刚性结构上的节点，并以刚性结构上的坐标系作为参考坐标系。当刚性结构运动时，无人机在参考坐标系下的坐标不变，每架无人机的相对位置也保持不变，即无人机之间可以保持一定的几何形状，这种结构就称为虚拟结构。多无人机在运动时，以虚拟结构上不同的节点作为各自的跟踪目标，就可以形成一定的队形，并且可以通过改变虚拟结构的框架来进行相应的队形变换。

（3）行为分解法是采用行为模式来描述无人机之间的运动。其基本思想是：首先为无人机规定一些期望的基本行为，一般情况下，无人机的行为包括聚集、跟踪目标、回避碰撞和队形保持。当无人机的传感器接收到外界环境刺激时，会根据传感器的输入信息做出反应，并输出反应向量作为该行为的期望反应。行为选择模块通过一定的机制来综合各行为的输出，并将综合结果作为无人机对环境刺激的反应来输出。

1.3.2 多无人机固定距离编队飞行控制发展现状

国外关于固定编队的研究相对较早，最初是从有人机的自主编队开始的，然后拓展到无人机编队。对于无人机固定距离编队控制的研究，主要是围绕多输入、多输出非线性系统的控制率设计进行的。

国外关于固定编队的研究主要包括以下内容。

（1）在三维无人机编队控制模型的基础上，提出了基于 PID 控制的无人机编队控制方法。

（2）针对传统无人机编队使用线性模型的方法，提出了基于正交变换的鲁棒式自适应多无人机近距离编队控制方法，并针对无人机编队的动态特性和涡流影响提出了相应的控制策略，最后提出了一种在动态环境下无须重新编程和设计的无人机编队控制器设计方法。

（3）针对无人机编队提出了非线性鲁棒控制器设计方法，该控制器可以直接用于一般无人机自动驾驶仪上层，可以针对获取到的不同信息选择不同的子控制器，并且采用扰动极值搜索控制方法减少对通信的依赖。

（4）把编队飞机模拟为点集，提出了分级最优控制结构。第一级表明飞机怎样调整距离以形成编队，第二级则相应调整轨迹以跟踪第一级的方法形成编队。

（5）提出了无人机编队飞行的建模方法，将气动干扰作为非线性反馈，设计出了具有良好鲁棒性的自动驾驶仪，形成了稳定的编队飞行结构。

（6）由于无人机近距离编队中的跟随无人机会受相邻无人机涡流的影响，因此将该涡流作为一个未知的函数。为了使设计控制器时更方便，假定无人机是一个具有良好的位置姿态控制能力的内环控制器，并在此基础上提出了反推自适应的方法进行控制器的设计。

（7）在给定初始和最终编队结构的情况下，针对规避和防碰撞问题，提出了相关的避让规则、飞行法规，并应用最优控制、线性规划等理论，实现了自由编队飞行。

（8）提出了基于 RHC 结构的分散控制算法，并通过计算速度和加速度的限制来保证无人机的紧急机动，实现了碰撞规避。

（9）提出了基于图论的无人机自由编队飞行概念，通过集群的三原则，结合最简单的运动方程，实现了自由编队飞行的聚集、避让和重构。

（10）利用传感器估计领航无人机的位置，采用输入、输出线性化的方法对运动模型进行线性化，然后采用滑模控制方法进行控制器设计，减少了无人机编队控制对内环通信的依赖。

（11）提出了基于行为的分布式控制方法，其采用航迹跟随控制器进行参考航迹的跟随，采用位置跟随控制器进行编队形状的保持，两个控制器均基于李亚普诺夫稳定性理论进行控制率的设计。最后采用加权的方法对两个控制器的输入进行组合，得到最后的控制输入，其中加权因子根据相对距离误差而定。

（12）建立了无人机编队模型，并提出了编队稳定性分析。考虑到通信约束的影响，针对无人机编队的形成、重构、机动、航线跟踪、危险规避提出了相应的控制方法。

（13）提出了基于视觉的无人机编队控制结构，采用卡尔曼滤波估计领航无人机位置，最后通过自适应控制进行编队控制器的设计。

与国外相比，国内在无人机编队控制方面起步较晚，但也取得了很多成果。国内的许多科研院所已经开始了这方面的研究，主要包括以下内容。

（1）提出了一种根据局部阵形状态制定的阵形保持策略，该保持策略从非一致性的冗余状态中判断阵形的保持状态，并采取相应的保持机制，从而实现无人机编队控制。

（2）针对自由编队飞行制定了相关的避让规则，对补偿模糊神经网络进行训练，实现自由编队飞行的补偿模糊神经网络控制。

（3）分析了多无人机编队飞行中飞行耦合气流的估计范围，针对个体无人机的轨迹控制模型，讨论了其飞行控制器需求，结合逆控制的解耦性能和 PIDA 控制器的优点，设计了一种 PIDA+ 逆飞行控制器。该控制器能够有效地抑制模型参数的不确定性带来的影响，并且在控制器输出约束条件的情况下仍保持较好的动态性、准确性和鲁棒性。

（4）采用长 – 僚机（Leader-Wingman）编队模式，针对前向、侧向和垂直方向 3 个通道分别设计了僚机编队控制律，从而实现了多架小型无人机在大机动飞行时的队形保持与队形变换。

（5）提出了一种基于 MAS 的编队飞行技术的智能优化控制策略和实现算法。利用多 Agent 之间的交互作用，以灵活便捷的方式进行各单机之间的协同优化，从而实现多架无人机的自主编队飞行。

（6）研究了同一水平面内的无人机编队飞行的队形控制器的设计，根据领航无人机尾涡对僚机的影响，分别用自适应控制、鲁棒控制和模糊控制这三种方式实现了队形控制。为了提高编队队形的鲁棒性，还提出了队形的容错控制。

（7）针对飞机特有的运动规律，将飞机的状态变量按时间尺度的不同分成慢变量和快变量，并给出了对应的双环控制器的设计方法：外环采用变结构滑模控制器，内环则采用基于神经网络消除逆误差的动态逆控制器。

1.3.3 多无人机目标跟踪编队协同控制发展现状

由于多无人机目标跟踪编队协同控制可以提高目标跟踪的成功率和精度，因此越来越受到研究者的重视。

最早关于多无人机目标跟踪飞行控制的研究是从单无人机目标跟踪飞行控制开始的，其控制目标均是使无人机与目标保持固定的距离，提高对目标的可见度，以及提高跟踪的成功率和精度。

关于单无人机目标跟踪飞行控制的主要研究包括以下内容。

（1）首先预测目标的最佳逃逸位置，然后采用基于分层迭代的方法来优化跟踪控制策略，使单个固定翼无人机能够规避危险，并能实现对跟踪目标保持最大可见度。

（2）提出了通过实时航线规划来实现无人机和目标保持固定距离，然后通过无人机导航模块进行航线跟踪，实现对不同速度的目标的跟踪。首先将无人机目标跟踪简化到二维平面上，然后建立相应的非线性模型，用线性化的方法得出相应的控制率，接着利用 Lyapunov 稳定性证明方法进行稳定性分析，最后通过数值仿真论证了该控制方法的有效性。

（3）提出了基于虚拟目标的无人机目标跟踪方法，通过模型预测控制实现对虚拟目标跟踪的飞行控制率设计，保证了飞行控制过程中的时间约束。

（4）提出了在未知风速的情况下，单架无人机目标跟踪的飞行控制方法。这种方法采用自适应可变的估计方法，估计未知的风速和目标的运动方式，并基于李亚普诺夫向量场导航的方法实现飞行控制；同时也是基于二维的横侧向飞行控制，以保证无人机在二维平面上保持与目标的固定距离。

随着对单无人机目标跟踪飞行控制的研究的不断深入，为了提高跟踪控制率，关于多无人机目标跟踪控制的文献也越来越多，其控制目标是使多架无人机与目标保持相同的距离，并且任意两架无人机与目标的夹角保持一致。

关于多无人机目标跟踪编队协同控制的主要研究包括以下内容。

（1）采用自适应逆控制进行多无人机协同目标跟踪飞行控制。首先建立非线性相对运动方程，然后采用反馈线性化方法进行线性化，最后通过自适应控制进行线性化后的误差补偿，从而实现多无人机协同目标跟踪飞行控制。

（2）假定无人机获取的目标信息是离散的，分别控制每架无人机与目标的跟踪距离，然后建立各架无人机和领航无人机的相对运动方程，对无人机与目标之间的夹角进行控制，实现无人机协同目标跟踪。

（3）通过动态分配跟踪任务，实时计算能同时满足对运动目标持续跟踪、危险最小、风速影响最小的最优路径，从而得到无人机的航线。再通过无人机导航模块进行航线跟踪，从而实现对目标的持续有效的跟踪。

（4）通过对危险区域进行数学建模，以危险区域作为约束，采用最优方法来求得丢失目标的概率最小的路径，将路径传给自动驾驶仪，以实现多无人机协同目标跟踪的飞行控制，最后采用蒙特卡罗方法对该控制方法进行数值仿真验证。

1.3.4 多无人机航迹规划技术发展现状

关于多无人机航迹规划技术的研究主要集中在航迹规划算法方面，目前的研究成果主要包括以下内容。

（1）提出了 Voronoi 图在航迹规划中的应用，在 Voronoi 图的基础上，利用 Dijkstra 算法在图中搜索路径，构成最短路径，该方法的优点在于方便、快捷。

（2）提出了 A-Star 算法的航迹规划算法，该算法作为一种启发式的图搜索算法，能够较好地满足航迹规划问题中的各种约束条件和要求。

（3）采用遗传算法进行航迹规划研究，该算法借助复制、杂交、变异等遗传操作，使问题的解决方案从初始解一步步逼近最优解。

（4）采用蚁群算法进行航迹规划研究，蚁群算法的搜索具有良好的动态特性，因而在航迹规划的研究中应用较多。

（5）提出基于粒子群优化（Particle Swarm Optimization）的航迹规划算法，粒子群优化算法是近年来提出的一种新的基于随机搜索策略的优化计算方法，源于对鸟群寻觅食物过程的模拟。该算法由一组粒子组成，每个粒子都在设计空间中进行搜索，根据粒子群中适应度最好的个体位置和本个体位置，找到适应度最好位置的速度大小和方向，搜寻个体下一个适应度最好的位置。

1.3.5 多无人机协同控制仿真测试技术发展现状

对于多无人机协同控制技术的测试和验证来说，仿真系统十分重要，因为协同飞行涉及多架无人机，所以真机试飞的费用更多且风险更大。因此很多国内外的大学在这方面进行了大量的研究，提出了具体的系统设计方法，甚至有的已经完成了系统的构建。

在设计方法上的研究主要是针对具体应用的，包括以下内容。

（1）针对基于分布式黑板系统（Distributed Blackboard System）体系结构的多无人机系统设计了相应的测试平台，为在不同的处理器上实现分布式智能体仿真提出了一个较好的解决方案。

（2）提出了一种针对无人机协同控制方法的多无人机系统测试仿真平台的设计方法，使用购买的无人驾驶仪和相关的硬件就可以进行多无人机系统的仿真，其测试主要是针对小型无人机系统。

（3）介绍了两种由麻省理工学院设计的仿真测试床 RoverEllimp Testbed 和 UAV Testbed，并使用这两种仿真测试平台进行了实时航迹规划和任务规划方面的仿真实验和测试。

（4）针对压制敌方任务防御的算法（Suppression of Enemy Air Defense）提出了多无人机系统的测试床设计方法。

在大量设计方法的支撑下，很多学校已经构建了完整的协同仿真平台，如康奈尔大学建立了无人机仿真平台，如图 1-1 所示，对多架无人机的编队控制进行验证，并取得了一定成果。

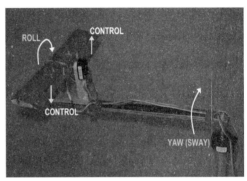

图 1-1　康奈尔大学的无人机编队地面试验站

西弗吉尼亚大学以 3 架 WVU YF-22 无人机为基础建立了编队仿真试验平台。图 1-2（a）和图 1-2（b）分别表示无人机在地面滑行时和编队形成后的照片。

（a）　　　　　　　　　　　　　　　　　（b）

图 1-2　WVU YF-22 无人机编队验证平台

加州大学伯克利分校从 2003 年开始对无人机的协同技术展开研究，并建立了相应的数字仿真平台，使用 C3UV 无人机对相关技术进行试飞验证。C3UV 无人机编队验证平台如图 1-3 所示，图

1-3（a）和图 1-3（b）分别是 C3UV 无人机和三机编队飞行的视景仿真截图。

（a）   （b）

图 1-3　C3UV 无人机编队验证平台

麻省理工学院则建立了以 ARF60 无人机为基础的室外编队协同测试平台，宾夕法尼亚大学的 GRASP 实验室也以 J3 无人机为基础建立了编队协同测试平台，用来验证编队控制器的鲁棒性和编队的实时性。

国内许多单位也进行了无人机协同仿真试验平台的设计和构建，主要研究包括以下内容。

（1）以某新型无人机为应用背景，设计并实现了一种"无人机仿真训练系统"，介绍了该系统的构成及其在计算机上的实现过程，并提出了运用小波分析的方法对飞行数据进行滤波。

（2）采用统一建模语言 UML 设计无人机系统仿真模型，并遵循软件系统的设计思想，开发出了多功能飞行仿真平台。

（3）在研究高层体系结构（High Level Architecture，HLA）的仿真集成技术的基础上，从实时仿真的角度，在理论和试验上深入分析了 HLA 的实时性能，针对无人机任务推演系统本身的特点，提出了软实时仿真和硬实时仿真相结合的分层仿真结构，设计了基于 HLA 的仿真集成结构和系统接口。

许多单位也建立了无人机仿真试验平台，主要研究包括以下内容。

（1）针对无人战斗机的相关技术进行了初步的探讨，建立了合理的无人机系统仿真平台。

（2）利用虚拟现实技术建立了无人机的三维仿真环境。

（3）阐述了某型无人侦察机模拟训练系统的视景仿真系统原理。

（4）建立了无人机地面滑行仿真系统，并对无人机在滑行过程中遇到的一系列实际情况进行了模拟等。但是针对无人机编队飞行的仿真试验平台目前还未有详细报道。

1.3.6 现状分析

由于多无人机协同控制的各项关键技术具有重要意义，因此受到了国内外科研工作者的广泛研究。但是由于飞行控制的非线性、任务的不确定性和环境的复杂性，对控制技术要求很高，所以多无人机协同控制技术还处于初步研究阶段，离实际应用还有一定距离。研究重点主要在于控制结构的设计、任务执行过程中的无人机协同控制思路、运动模型、控制方法以及测试仿真平台的研究等方面。特别是关于非线性控制率的设计最为困难，由于采用的经典控制系统设计方法不能很好地解决控制模型非线性及模型不确定性所产生的问题，影响了协同控制的控制精度，而目前研究较多的一些现代控制系统设计方法在实际的工程应用上也存在一定的困难，且针对具体系统还要进行相应的改进。因此，有必要系统地梳理无人机飞行控制方法，并研究新的控制策略来进行无人机协同控制系统的设计。

在多无人机协同控制系统的设计过程中，如何区分多架无人机在协同控制中的作用差异、如何建立合适的运动模型、如何处理具体运动模型中的非线性、如何建立性能指标、如何提高滚动优化的效率，针对这些问题，都需要进行相应的研究，特别是控制的实时性问题，已经成为多无人机协同控制技术的一个瓶颈。

只有解决上述问题，才能够提出更具有实用性的多无人机协同控制策略。基于此，本书针对上述问题，面向不同的控制方法和控制模型，结合其控制思想，对多无人机协同控制技术进行了一些尝试性的研究，特别是对不同的控制对象提出了不同的提高实时性的解决方案，在后面的章节中将会展开讲解。

1.4　本章小结

本章主要阐述了多无人机协同控制技术的背景及意义，分析了多无人机协同控制所涉及的关键技术，以及国内外在本领域的研究发展现状。

第 2 章
多无人机协同控制体系结构

对于多无人机协同控制这样一个复杂的系统，无人机个体的简单组合并不能发挥其原本的优势，只有通过某种形式的组合才能实现其对复杂任务的处理。合理的结构将给无人机编队的协作功能提供支持，有助于作战任务的完成。故需要设计出良好的多无人机协同控制体系结构，实现无人机巡航编队和协同跟踪的飞行控制，完成协同作战任务。

2.1 多无人机控制结构现状分析

无人机现有的控制结构主要是为解决不同的实际问题提出的，主要构建方法有领航跟随法、行为分解法、人工势场法、虚拟结构法等。

领航跟随法应用最为广泛，其结构简单，便于理解。但是，由于整个编队队伍的行为仅由领航无人机决定，因此当领航无人机发生故障或者遭到破坏时，整个协同系统有可能瘫痪。

行为分解法的优点是，其控制思路直接反映了无人机个体行为的协同，比较直观，当无人机之间存在冲突或者环境比较复杂时，比较容易得到一个有效的控制策略。其主要缺点是，不能明确地定义群体行为，很难对其建立数学模型，而且怎样保证队形的稳定性这一问题尚未解决，同时容易出现死锁现象。

人工势场法计算简单，便于实现实时控制，尤其对于处理障碍物空间的避碰问题是比较有效的。但是由于和无人机的运动模型难以紧密结合，导致势场函数的设计比较困难，而且存在局部极值点的问题。

虚拟结构法将整个编队队形看作一个虚拟结构来处理，这种方法易于确定整个群体的编队行为，但是由于该方法适用的队形范围比较窄，很多协同控制问题不能用其表示，限制了其适用范围。

上述方法各有其优缺点，针对不同任务系统的控制结构，必须提出一种切合实际的构建方法，并可能需要将上述方法结合使用，提出新的行之有效的设计思路。因此，本章根据协同作战任务的实际需求，借鉴上述方法，首先提出了无人机协同控制结构的设计思路，在此基础上设计出面向协同作战任务的单架无人机控制结构，接着对两架无人机的协同控制结构进行设计，最后提出了由两机控制到多机协同控制的扩展方法，并对扩展方法的性能进行了分析。

2.2 多无人机协同控制结构设计思路

协同控制结构是指为了实现预定的目标而把无人机个体联系到一起，主要是研究如何组织和控制无人机个体来实现整个无人机系统所需实现的功能。因此，针对不同的协同作战任务，协同控制结构也是需要调整的。它的选择受到诸多因素的影响，例如，无人机本身、任务性质以及作战环境等，因此应当综合分析这些因素，确定系统的规模及无人机个体间的关系，从而选择合适的结构，充分发挥其优势。

由于无人机是一种自主飞行的飞行器，也是一种在空中飞行的机器人，因此其控制结构的设计方法可以类比多机器人的协同控制结构方法。在关于多机器人合作的多种方法中，基于多智能体（Multi-Agent）的方法正受到人们越来越多的关注，其要点是把系统中的每一个机器人看作独立的智能体。在研究多无人机协同作战控制结构时可以参考 Multi-Agent 的思想进行设计。

目前在移动机器人领域，借鉴多智能体思想设计出的体系结构已经有很多，比较具有代表性的有面向多机器人协作系统的分层控制式体系结构、基于行为的分布式结构、基于行为的混合分层式体系结构、面向多机器人系统任务级协作的机器人控制体系结构，以及基于并行处理的混合式体系结构。

在无人机协同作战系统中，同样可以借鉴多智能体思想进行体系结构设计，合理的体系结构可以使多无人机之间进行有效的合作。多无人机系统的体系结构也可以分为集中式、分散式、分层式三种。

1. 集中式结构

集中式结构又包括两种结构，如图 2-1 所示，一种结构是存在一个中心处理控制器，即领航无人机，掌握全部环境信息以及每架无人机的信息，经过信息处理后对每架无人机发布命令，如图 2-1（a）所示，这种结构需要选择一架无人机兼任领航无人机，这使领航无人机的工作量与其他无人机相比增加很多。另一种结构则是以控制站作为协同控制中心，无人机直接与之联系，各无人机之间则互相不通信。集中式结构的优点在于理论背景清晰，协调效率比较高，实现起来比较直观。但也有许多缺点，如灵活性、容错性和适应性差，以及大规模的全局寻优问题难以解决，容易只达到局部最优而导致全局意外等，同时受通信带宽的瓶颈限制，如图 2-1（b）所示。

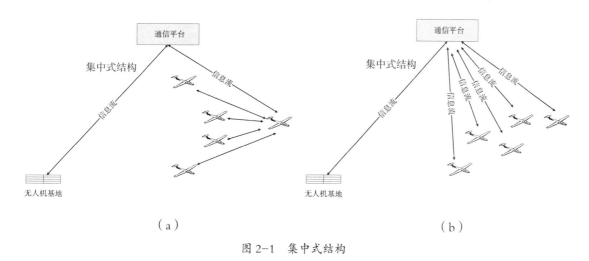

（a）   （b）

图 2-1　集中式结构

2.分散式结构

相对于集中式结构来说，分散式结构则有较好的鲁棒性、故障冗余以及可靠性等优点。如图2-2（a）所示，分散式结构没有领航无人机，各无人机之间的关系是平等的。但是分散式结构也有一定的缺点，使用这种结构容易使无人机个体无法了解编队系统的整体情况，无法保证一定能得到全局最优解。而且多边协商的效率是很低的，因为个体容易强调自我任务的重要性，从而导致编队完成任务的效率低下。特别是在不确定的环境中遇到突发事件时，无人机个体间很难建立较好的协作关系，难以充分发挥群体的优势，于是就出现了分层式结构。

3.分层式结构

分层式结构在平等的无人机个体进行水平交互的同时加上了垂直控制，以有效地解决冲突，完成协调，如图2-2（b）所示。监控层（即地面控制站）发布命令给领航无人机，而各无人机具有一定的自主性，这是一种介于集中式和分散式之间的结构。

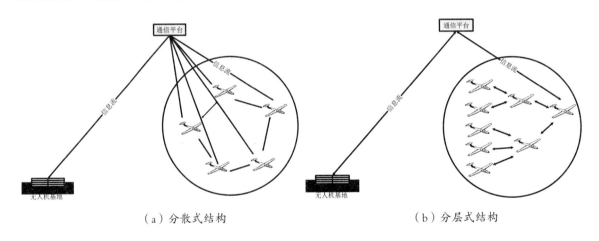

（a）分散式结构　　　　　　　　　　（b）分层式结构

图2-2　分散式和分层式结构

通过上面的分析可以发现，集中式、分散式、分层式结构各有优势和缺陷，并没有一种普适的方法可以用于无人机协同控制结构的设计。因此，有必要在上述结构设计思路的基础上，提出一种有效的方法来进行多无人机协同作战任务的飞行控制结构设计。

由于分层式结构逻辑清晰，便于控制器的设计，因此可以以分层式结构为基础，针对其缺陷提出一种相对参考点确定规则，并考虑协同作战任务需求，提出合适的多机协同控制结构。具体的设计思路如图2-3所示：先通过基于Agent的方法，在考虑单架无人机飞行控制的基础上进行无人机个体控制结构设计，然后进行两架无人机协同编队飞行控制结构设计，并采用MAS分层式体系结构思想，利用领航无人机选取规则，同时考虑多无人机协同作战任务需求，采用相应的方法扩展到多架无人机。

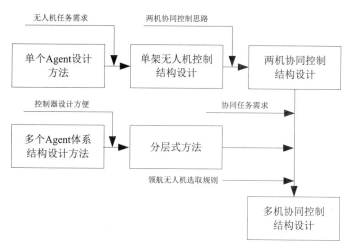

图 2-3　无人机协同控制结构设计思路

2.3 面向协同控制的无人机个体控制结构

无人机个体控制结构的设计跟无人机执行任务的过程息息相关，在执行任务的不同阶段，个体控制目标会有所区别。

2.3.1 面向协同控制的无人机个体控制目标

无人机执行任务的过程包含飞向目标点的过程和目标跟踪的过程。所以无人机控制功能应该包括由姿态控制和自主导航组成的自主飞行控制、目标跟踪队形控制、任务管理等功能，同时由于无人机要在复杂环境中实现与其他无人机的协同，共同完成目标跟踪任务，因此还应具备通信、环境感知、应急处理等能力。

1. 自主飞行控制能力

无人机自主飞行控制能力是将无人机机载传感器的数据经过分析处理后，驱动相应的执行机构（通常包括油门和三个舵面），自主控制无人机完成任务。主要是以姿态控制（俯仰、横滚、航向）作为内回路，航迹控制作为外回路，当无人机在空中受到干扰时保持姿态与航迹的稳定，以及接收地面控制站的指令和领航无人机的指令，改变飞机的姿态与航迹。其主要功能包括：改善飞行质量，如改善俯仰、滚转和偏航通道的固有阻尼特性和固有频率特性；全自动航迹控制（图 2-4），即在无人机飞行前按要求制定飞行航线，该航线分别由航路点和相临两航路点之间的直线段组成，由无人机当前位置计算无人机偏离航线的侧偏距，然后计算出给定导航偏航角速度，控制副翼和方向舵的舵偏角值，最终消除侧偏距。

图 2-4　无人机自主飞行过程

2. 目标跟踪控制能力

无人机自主目标跟踪控制能力是对无人机获得的目标信息和自身传感器获得的自身信息进行处理，驱动相应的执行机构（通常包括油门和三个舵面），实现在目标周围的盘旋飞行。主要是以姿态控制（俯仰、横滚、航向）作为内回路，目标跟踪控制作为外回路，实现对目标的持续稳定的观测。其主要功能是持续跟踪目标，即根据目标的运动轨迹、位置、速度等信息，计算无人机和目标的相对距离，并与期望的目标距离进行比较，控制副翼和方向舵的舵偏角值，最终消除误差，如图2-5 所示。

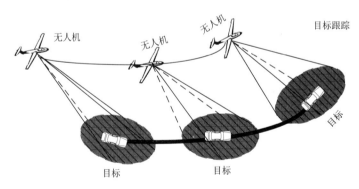

图 2-5　目标跟踪控制过程

3. 任务管理能力

任务管理能力主要是根据要求切换相应的控制率。例如，在滑行阶段，采用无人机滑行的控制率；在巡航阶段，采用无人机自主导航的控制率；在跟踪阶段，采用跟踪控制率；在降落阶段，采用降落控制率。

4. 通信能力

通信能力对于无人机之间的协作起着重要的作用。如何安全、高速、有效地进行数据传输，实现无人机之间的信息交流，是无人机之间合作的基础。通信能力的加强，便于无人机对一些复杂问题进行磋商，协作完成复杂任务。

5. 环境感知能力

无人机应能利用各种传感器对所处环境的信息进行收集。多架无人机在一定空间和时间领域进行合作时，不可避免地会相互干扰，在资源使用方面容易发生冲突，必要的环境感知能力是保证无人机正常飞行、智能决策的前提。

6. 应急处理能力

应急处理能力主要是当无人机自身出现突发状况或者遭遇突发危险后，能采取相应应急措施进行紧急处理，并能将情况反映给地面控制站。

无人机功能模块复杂，合理的无人机控制体系结构应具有以下特点：控制任务分配合理，每台飞行控制计算机的计算量均衡，既不能使某些飞行控制计算机低负荷，浪费资源，也不能使某些飞行控制计算机超负荷，从而影响整个系统的性能；控制结构应当层次化、模块化、标准化和通用化，层次化有利于模块化，而模块化、标准化、通用化有利于升级和扩展，增加新功能和新方法；可以针对不同的实际情况随时去掉某些功能，以取得最佳的经济效益。

2.3.2 基于 Agent 的无人机个体控制结构设计

Agent 个体是 MAS 系统存在的基础，个体体系结构不同，群体控制决策所采用的方法、过程也不尽相同。

1. 单个 Agent 控制结构设计方法概述

许多学者依据不同的思路提出了很多各具特色的控制体系结构，主要包括传统结构、包容式结构、反应式控制结构、分层递阶式体系结构、混合式体系结构。

传统的人工智能思想是，外部环境可以用某种形式表达，人的智能可以通过以环境抽象模型为基础的抽象推理实现。在这种思想的指导下，可以将一个机器人的控制系统划分为三个功能单元：传感器系统、规划系统和执行系统。该控制系统的结构特点为：各部分之间的控制流、信息流是单向的；规划的执行类似于计算机程序的执行。这种结构的缺陷在于，规划算法的设计和世界模型的建立是非常困难的，而且很难适应环境的不确定性和不可预知性。

基于行为分解的包容式结构（Subsumption Architecture）最早由 R. A. Brooks 提出，其最初的目的是使传统结构效率更高。与传统结构一样，包容式结构的所有信息流都是单向地从传感器到执行器。

包容式结构与传统的系统分解概念的不同之处在于，前者采用自下而上的层次构建方法，层次间存在密切关系，上层行为可以对下层行为的输出产生抑制作用。包容式结构与传统的体系结构相比，具有实时性强的特点，但其主要问题在于，上层会干涉下层行为，难以对功能进行模块化设计。

R.C.Arkin 提出的基于 Motor Schema 的反应式控制结构与 Brooks 提出的基于行为分解的包容式结构有相似之处，它们都是基于行为的分解模式。二者的不同之处在于，反应式控制结构允许结合多种基本行为的输出产生一个高层的行为合成结果，增强了系统的柔性和灵活性。

Saridis 最早提出了一种关于智能控制系统的分层递阶式体系结构，其分层的原则是，随着控制精度的增加，智能程度逐渐降低。分层递阶式结构的优点在于，系统的功能及层次分明且易于实现。分层式体系结构一般按功能要求划分系统模块，模块之间以分层递阶的方式相联系。每层只能与其相邻的上下层交换信息，下层要等待上层的规划，上层要等待下层的任务完成。对外部事件的反应时间较长是这种体系结构的不足之处。

随着对控制体系结构的深入研究，许多研究者将多种体系结构有机地结合起来，从而实现多种体系结构的优势互补，形成了鲁棒性强的混合式体系结构。这种结构通过对控制体系结构进行合理的分层，将包容式结构、反应式结构与上层规划、推理有机地结合在一起。该类结构能够使移动机器人在面对动态、复杂、非结构化环境时，具备快速反应能力，而且满足了复杂、动态的任务要求。目前开展的体系结构研究工作很多都是围绕混合式体系结构进行的。

2. 基于 Agent 的无人机个体控制结构

无人机还处于发展阶段，其智能程度还相对比较低，同时因为在实战中要求无人机飞行器具有较高的稳定性，所以会尽量减少一些智能程度高，但是稳定性差的模块。而且一般来说，较高的智能程度对相互之间的通信能力、传感器的精度和计算能力要求较高，这样可能会增加成本并容易受到战场环境的干扰。因此，无人机本身的智能程度约束要求研究者考虑到无人机实际工作状况，并提出切实可行的、能在短期内应用于实战的控制结构。所以需要对上面的 Agent 发展过程中提出的控制结构进行分析、研究和改进，提出一种既具有一定的智能，又能够付诸实际应用的控制结构。

根据上面的要求，在无人机控制结构设计中可以考虑以下原则。

（1）尽量不进行全局决策。由于对于无人机现有的通信能力、计算能力和智能程度来说，进行全局决策是一个短期内难以达到的技术水平，一般还需要根据实际任务，经过大量的计算，可能还要结合人为调整，因此最好还是由地面控制站进行全局决策。

（2）在没有突发威胁的情况下，尽量不进行局部规划。局部规划可能会影响整个队形的变化，导致队形不稳定，而且需要一定的计算量。因此在没有遭遇威胁到无人机自身安全的事件时，尽量不要进行局部规划，而是执行地面站所给的指令。

（3）采用分层结构的方法增强控制的稳定性和模块化，因为采用分层的结构后，对任务的分解会比较清晰，便于任务之间的切换和指令的执行。

所以根据无人机的发展现状，本节主要介绍采用分层递阶设计方法，并参考上述原则进行层次分解，设计单架无人机控制结构的过程，如图 2-6 所示。

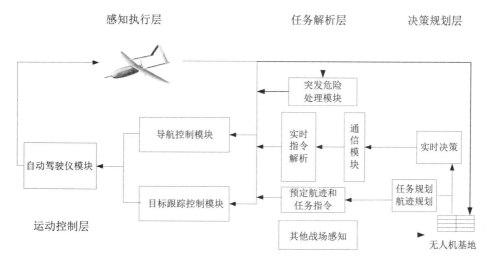

图 2-6　单架无人机的控制结构

决策规划层主要是在无人机执行任务之前，根据任务要求、无人机所能感知到的战场环境进行任务规划和航迹规划，并将航迹规划指令传输给任务解析层。在无人机执行任务的过程中，通过执行无人机或其他战场感知设备实时感知战场环境，并实时发布决策指令，使无人机避开突发的危险状况。

任务解析层主要负责动态组织、分配和管理执行资源，将决策规划层传过来的指令进行解析，并对指令进行相应管理，负责各种控制模态之间的切换；根据当前的任务状态、环境信息以及决策规划层下达的行动指令序列，给运动控制层规划出具体的运动策略、航迹控制要求，并生成运动控制层能接受的指令；接收无人机所感知的突发危险，在突发危险初期，具有突发危险的应急处理能力，并在突发危险处理后期，接受决策规划层的实时决策指令，控制无人机规避突发危险。

运动控制层是无人机控制系统的核心，主要包括自动驾驶仪模块、导航控制模块和目标跟踪控制模块。导航控制模块用来准确跟踪上面各层预先规划好的航迹，并通过无人机模型解算出当前时刻无人机的位置、速度信息、姿态信息等，并与预先规划好的航迹进行比较，对符合无人机实际飞行性能的航迹进行平滑等处理，再通过相应的控制算法得到控制命令，并传送给自动驾驶仪。目标跟踪控制模块是根据传感器感知到的目标位置和自身位置，计算目标位置和自身位置的距离，并和理想距离进行比较，再根据相应的控制算法使无人机与目标的距离与理想距离之间的误差达到最小，同时得到相应的控制指令并传送给自动驾驶仪。自动驾驶仪则执行上一层控制指令，得到相应的具体执行控制量，传送给感知执行层去执行，使无人机沿着任务要求的航迹飞行。

感知执行层是无人机的具体感知和执行机构，由姿态传感器、侦察传感器、舵机、舵面等组成，主要是执行上层的控制指令，使飞机沿预定轨迹飞行；并通过姿态传感器获得无人机的姿态信息，反馈给运动控制层，通过侦察传感器获得战场信息，反馈给无人机控制站；同时感知姿态和战场突发危险等信息，并传输给任务解析层，以便进行突发危险的应急处理。

通过上面的单架无人机的个体控制结构设计，保证了从上层到下层的智能层级越来越低。决策规划层所要求的智能程度较高，并需要大量的计算量和通信能力，可以依靠无人机地面控制站的高速计算机的计算能力、数据处理能力和通信能力，并通过让人参与到决策中来，来完成现阶段计算机尚不能完成的决策，以提高决策的准确性，并解决由于目前无人机技术水平还不成熟，无人机系统很难完全独立自主地应对现实世界的问题。同时在任务解析层，由于突发危险的实时性处理要求，如果通过地面控制站进行处理可能会延误最佳处理时间，因此该层要能够进行一些应急处理，并具有一定的智能处理能力，进行突发危险的初步处理，以达到规避突发危险的要求。运动控制层主要是根据上面的命令完成相应的控制，只具备相应的自动控制能力，基本不具备智能处理能力。而感知执行层仅需按照要求进行相应的感知执行。

这种分层设计的控制结构层次清晰，便于进行模块化设计。而且在满足了所面临的复杂环境和任务所要求的规划的能力的同时，克服了现阶段无人机的自主决策能力不够而带来的约束，无疑是一种非常有效的控制结构，可以大大降低任务的风险和成本，并提高无人机的综合性能。

 ## 2.4　多机协同控制结构

多机协同控制结构是在面向协同控制的无人机个体控制结构的基础上，从高一层的角度进行多无人机协同控制结构设计。在设计过程中，考虑到控制结构的稳定性，采取先设计两机协同控制结构，然后再扩展到多机协同控制结构的方式。

2.4.1 多机协同控制结构设计目标

多无人机协同控制包含编队飞向目标点的编队巡航过程控制和无人机目标跟踪过程控制，下面对这二者的目标进行分析。

1. 多无人机编队巡航控制

多无人机编队巡航控制的目标是根据无人机任务系统传过来的编队控制要求，分别驱动各架无人机相应的执行机构，自主控制无人机完成编队巡航任务。在编队巡航过程中，其协同控制能力主要包括巡航编队的形成能力、保持能力、队形变换能力和突发危险的处理能力。图 2-7（a）为巡航编队队形形成示意图，图 2-7（b）为巡航编队队形保持示意图，图 2-7（c）为巡航编队队形变换示意图，图 2-7（d）为巡航编队处理突发危险示意图。

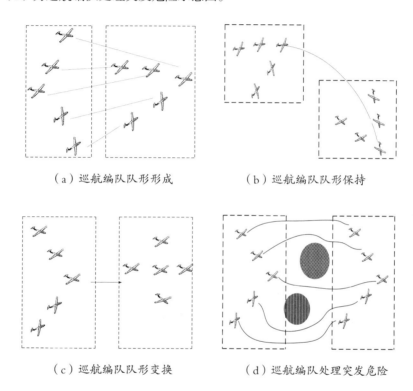

（a）巡航编队队形形成　　　　　（b）巡航编队队形保持

（c）巡航编队队形变换　　　　　（d）巡航编队处理突发危险

图 2-7　巡航编队飞行控制要求

2. 多无人机目标跟踪飞行控制

多无人机目标跟踪飞行控制的目标是，对无人机获得的目标信息和自身传感器获得的自身信息进行处理，驱动相应的执行机构实现在目标周围的盘旋飞行，并且多无人机与目标的夹角保持固定。主要是以姿态控制作为内回路，目标跟踪控制作为外回路，实现对目标的持续稳定的观测。其主要功能为持续跟踪目标，即根据目标的运动轨迹、位置、速度等信息，计算无人机和目标的相对距离，并与期望距离和期望夹角相比较，控制副翼和方向舵的舵偏角值，最终消除误差。图 2-8（a）为跟踪编队队形形成示意图，图 2-8（b）跟踪编队队形保持示意图，图 2-8（c）跟踪编队队形变换示意图，图 2-8（d）跟踪编队处理突发危险示意图。

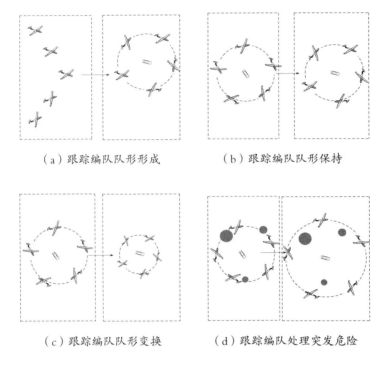

（a）跟踪编队队形形成　　　　　（b）跟踪编队队形保持

（c）跟踪编队队形变换　　　　　（d）跟踪编队处理突发危险

图 2-8　多无人机跟踪飞行控制要求

2.4.2 参考点的选取方法

在编队中为了保证队形的完整，必须要有一个队形的调节机制。即在编队过程中，必须要有一个参考点，不同无人机位于参考点的不同的相对位置，从而形成一定的队形。参考点的选择方法有以下三种。

（1）以队形的几何中心为参考点。平均编队中所有无人机的 x、y 和 z 坐标得到队形中心坐标，每架无人机根据自身和该中心的相对位置确定自己的位置。

（2）以领航无人机为参考点。在编队中选取一架无人机作为领航员，每架无人机根据它的位置来确定自己在队形中的位置。领航无人机不负责队形保持，由跟随无人机负责保持。

（3）以邻居位置为参考点。每架无人机根据一架已经确定位置的相邻无人机来确定自己的位置。

以队形的几何中心为参考点时，需要实时计算无人机编队的中心，然后进行相应的协调，无人机之间可能会产生冲突；以领航无人机为参考点时，当领航无人机出现异常时会使整个无人机队形出现异常；以邻居位置为参考点时，会导致通信复杂。本小节将结合以领航无人机为参考点和以邻居位置为参考点的参考点选取方法，提出一种分层的办法，如图 2-9 所示：首先确定整个无人机编队的领队，用以确定整个无人机编队的位置；接着找到跟随该领队的无人机集合，作为领队的下一层，该层的无人机受控于领队无人机；然后以该集合中的每一架无人机的跟随无人机作为下一层，该层的无人机受控于它跟随的上一层无人机。

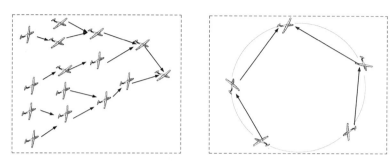

图 2-9　分层参考点选取

2.4.3　两机协同控制结构设计

根据上面的参考点选取办法，可以建立两机的领航跟随运动模型。领航无人机将其状态信息传给跟随无人机，跟随无人机采用编队控制作为导航控制进行飞行。下面给出了整个编队的领航无人机与其跟随无人机的控制结构图，图 2-10 为两机巡航编队控制结构图，图 2-11 为两机目标跟踪飞行控制结构图。

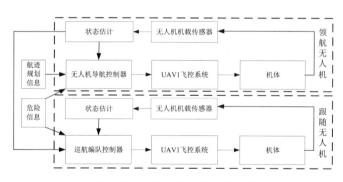

图 2-10　两机巡航编队控制结构

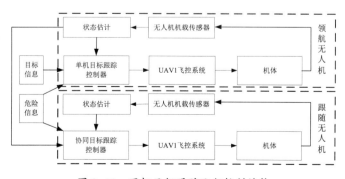

图 2-11　两机目标跟踪飞行控制结构

2.4.4 基于图论的两机协同控制到多机协同控制方法

建立两机的领航跟随运动模型后，可以通过分层参考的方法扩展到多机协同控制。但是怎样根据无人机间的通信网络，让每架无人机有且仅有一个参考点，是实现上述分层控制结构的重点，也是实现由两机协同控制扩展到多机协同控制的重要步骤。同时，因为无人机协同编队飞行的区域是具有战场威胁的，所以在无人机可能受到攻击或者遇到突发故障时，怎样生成新的控制结构网络也是应该考虑的问题。由于图可以较好地展示网络结构，因此本章将采用图论的相关方法，进行控制结构的生成和重构。

1. 图论相关定义

定义 1：图。

一个图 G 一般由两个集合组成：非空结点集 V 和有限边集 E，其中边是指不同结点组成的无序对。令 $V = \{v_1, v_2, \cdots, v_n\}$，表示包含 n 个结点的集合；令 $E = \{e_1, e_2, \cdots, e_m\}$，表示包含 m 条边的集合。其中每一条边都是集合 V 的二元子集 $\{v_i, v_j\}$，其中集合 $V(G)$ 的基数 n 表示图的阶数，集合 $E(G)$ 的基数 m 表示图的规模，当集合中的节点 v_i 和 v_j 组成 $\{v_i, v_j\} \in E(G)$，或者说当 $\{v_i, v_j\}$ 是图 G 的边时，称结点 v_i 和 v_j 邻接，否则称结点 v_i 和 v_j 不邻接。

定义 2：有向图。

当一个图 G 的边集是由不同结点组成的有序对构成时，该图就称为有向图。

定义 3：连通图和非连通图。

如果一个无向图 G 的任何两顶点间均是可达的，则称图 G 是连通图，否则称为非连通图。

定义 4：树。

如果一个图的任何子图都不是圈，则称此图为无圈图。连通无圈图称为树。

定义 5：生成树。

假定图 $G = (V, E)$ 是一个连通图，当从图中的任一顶点出发遍历图 G 时，会将边集 $E（G）$ 分成两个集合 $A（G）$ 和 $B（G）$。其中 $A（G）$ 是遍历图时所经过边的集合，$B（G）$ 是遍历图时未经过边的集合。则 $G_1 = (V, E)$ 是连通图的生成树。

多无人机进行协同作战时，如果要求无人机有分散性控制能力，则无人机之间应该具有一定的信息交流和共享，以便无人机进行自主性的协作，也就是无人机内部存在一定的通信关系。通信网络图用来表示各无人机之间的信息交流和共享的相互关系，系统内的各架无人机是通信网络图中的节点，无人机间的信息共享关系则是通信网络图中的边。

假定无人机的通信系统构成一个通信网络图 G，那么 $G（V, E）$ 是一个有向图，边 $V = \{v_1,$

$v_2,\cdots,v_n\}$ 表示协同的无人机，$E = \{e_1,e_2,\cdots,e_n\}$ 则表示无人机之间的通信关系，$\{v_i,v_j\}$ 表示无人机 i 与无人机 j 之间有信息传输，箭头的指向是信息的传输方向。因为规模不大，所以该图可以采用 0-1 矩阵的方式进行存储，其中 0 表示两架无人机之间没有通信关系，1 表示两架无人机之间具有通信关系。图 2-12（b）为图 2-12（a）的通信关系矩阵。

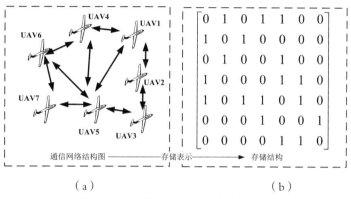

（a）　　　　　　　　　　　（b）

图 2-12　通信网络结构图的存储结构

无人机的协同控制结构一般采用分层结构，而树是表示分层结构的一种较好的选择，那么多无人机之间的控制关系可以用树来表示，即通过无人机控制关系树来描述无人机之间的控制关系。一般情况下，树的结构可能通过双链表方式表示，如图 2-13 所示。

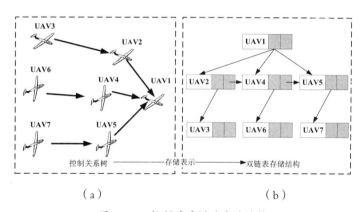

（a）　　　　　　　　　　　（b）

图 2-13　控制关系树的存储结构

因为无人机通信网络图是已知的，所以可以通过该图生成无人机控制关系树，从而确定每架无人机的相对运动控制的参考点。有了每架无人机的相对运动控制的参考点，就可以确定各无人机之间的控制关系，即可以实现从两机协同控制向多机协同控制的扩展，具体如图 2-14 所示。

当参加协同任务的无人机出现异常时，控制关系树一般会发生变化，提示有些无人机没有相对运动控制的参考点，这时可以通过重构控制关系树来重新设计协同控制结构，具体如图 2-15 所示。

因此，通过通信网络图生成控制关系树是实现从两机控制向多机控制扩展的一种可行方法。

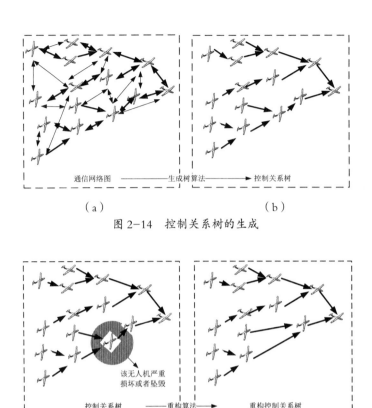

图 2-14　控制关系树的生成

图 2-15　控制关系树重构

2. 控制关系树的生成和重构算法

从上面的图和生成树的定义来看，通信网络图有大量的生成树。也就是说，无人机协同编队可以生成很多种控制结构关系，而控制关系树的生成和重构算法是实现控制关系的关键。

生成树不是唯一的，通过宽度优先和广度优先搜索法分别进行遍历，可以得到两种生成树，分别称为宽度优先生成树和广度优先生成树。对于无人机协同来说，最简洁的控制关系应该是宽度优先的，这样层次清楚，结构符合实际编队过程。所以接下来采用宽度优先生成树算法，进行从无人机协同的通信关系向控制关系的转化。

宽度优先生成树算法是以接近起始节点的程度依次扩展节点的，在对下一层的任一节点进行搜索之前，必须搜索完本层的节点。具体算法如下。

第 1 步：首先建立两个链表，并命名为 Open 和 Closed，其中 Open 表示未扩展的节点，Closed 表示已经扩展的节点。

第 2 步：将整个协同编队的领航无人机作为起始节点，并作为控制树的根。

第 3 步：将该节点放入 Open 表中。

第 4 步：判断 Closed 表的长度是否为无人机的个数，如果是，则终止。

第 5 步：将 Open 表中的节点数据移到 Closed 表中，将该节点作为控制树的节点，其指针指向节点的下一层的节点，即子节点。

第 6 步：扩展该节点的后继节点，如果该节点在 Closed 表中存在，则不扩展后继节点；如果该节点在 Closed 表中不存在，则扩展后继节点并放至 Open 表末端，并提供回到原节点的指针。

第 7 步：回到第 4 步。

以上流程如图 2-16 所示。

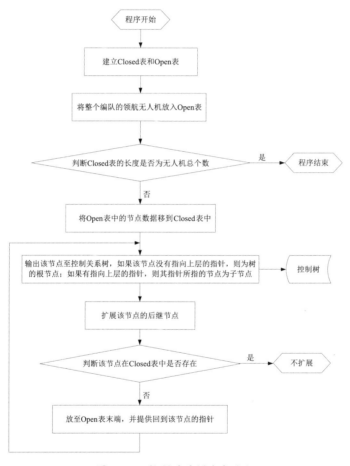

图 2-16　控制关系树生成流程

当其中的某架无人机出现故障或者被摧毁时，重构控制关系树是非常有必要的。无人机在控制体系中所处的位置不一样，重构方法也会不一样。例如，整个协同编队中的领航无人机出现损坏，和位于控制关系树末端的无人机出现损坏，其重构方法肯定是不一样的。所以可对不同位置的无人机损坏采取不同的处理方法，具体的处理方法如下。

（1）当整个编队的领航无人机出现损坏时，必须重新选定领航无人机，并调用上述算法重构控制关系树。

（2）当处于控制树顶端和底层中间的某架无人机出现故障时，则迅速找到能与故障无人机子节点的无人机通信的无人机，并将该无人机作为子节点无人机的通信节点，以实现快速重构。如果找不到与之通信的无人机，那么只有通过上面的生成树算法重新生成控制关系树。

（3）当处于控制树底层的无人机出现损坏时，因为不影响现有控制关系树，所以不需要进行处理。

3. 扩展方法分析

这里主要对上面提出的由两机协同控制结构扩展到多机协同控制结构的方法进行协同一致性和有效性分析。

多无人机系统的一致性是指，多无人机系统作为一个整体而不是一些单独的个体来完成任务。虽然各架无人机之间存在冲突和竞争，但经过一段时间的协调后，系统能达到总体控制目标的要求。

关于机器人网络的一致性收敛有一个基本定理，即多机器人系统能达到信息流全局一致性收敛的充要条件为，其通信网络图有且仅有一棵生成树。作为多机器人系统的一个特例，上述定理也适用于多无人机系统。对于上面的扩展方法，只要原有的通信网络图具有生成树，那么即可实现由通信网络图向控制树的转换。而生成的控制关系树本身就是一棵树，即自身就是自身的生成树，那么进行转换后，显然满足协同一致性的收敛要求。因此对于本身通信网络具有协同一致性收敛的多无人机系统，通过上面的方法进行扩展后，其产生的新控制关系树依旧满足全局一致性收敛。

通过上面的扩展，每个无人机节点在无人机控制关系树中有且只有一个父节点，这意味着每架无人机有且只有一架参考无人机。除整个编队的领航无人机通过导航系统跟踪航线外，其他无人机可以通过各自唯一对应的领航无人机建立相对运动方程，然后进行协调控制，实现多机协同。因为生成树算法的时间复杂度仅为 $O(N)$，所以通过上述树生成算法可以自动快速地得到所有无人机的控制结构。

2.5 本章小结

本章主要讨论了无人机协同控制结构的设计方法，并将其分为单机的控制结构设计和多机协同控制结构设计。根据无人机个体控制结构的设计目标，采用基于 Agent 的方法设计出无人机个体控制结构，在此基础上提出了基于分层结构的无人机参考点选取方法；基于领航跟随方法设计了两机协同的控制结构；基于图论提出了由无人机通信图向无人机控制树转换的方法，实现了从两机协同到多机协同的扩展，并对扩展方法的协同一致性进行了分析。本章内容为后面章节中的各种具体运动模型的建立、控制策略的研究提供了必要的基础。

第 3 章

面向协同控制的无人机单机控制

　　面向协同控制的无人机单机控制系统首先需要实现对无人机飞行姿态的控制，在此基础上接收协同编队的协同指令，通过自主导航功能飞行，实现编队的巡航飞行或协同跟踪飞行，这是实现多无人机飞行控制的基础技术。本章从多无人机协同控制的角度出发，简要描述无人机运动模型的建立以及无人机飞行控制系统的设计方法，并对无人机纵向、横侧向回路控制律的设计进行进一步阐述。

3.1 无人机运动建模

无人机运动模型的建立是无人机单机控制的基础，主要涉及坐标系选择、运动参数确定和无人机运动方程建立等方面。

3.1.1 参考坐标系

作用在无人机上的重力、发动机推力和空气动力及相应力矩的产生原因是各不相同的，因此，为了确切地描述无人机的运动状态，选择合适的坐标系来描述无人机的空间状态是非常重要的。例如，要想确定无人机在地球上的位置，则采用地面坐标系比较方便；要想描述发动机的推力，则采用机体坐标系比较方便；要想描述空气动力，则采用气流坐标系比较方便。

由此可见，合理地选择不同的坐标系来定义和描述无人机的运动参数，是建立并分析无人机运动模型的重要基础。通常情况下，无人机运动模型的参数是定义在不同坐标系上的，所以在建模过程中通过坐标系变换进行向量的投影分解是不可避免的。因此，本小节主要介绍常用坐标系和坐标系之间的变换的相关内容。

1. 常用坐标系

地面坐标轴系（地轴系）为 $S_g\text{–}O_gX_gY_gZ_g$。地面坐标轴系是相对于地面不动的坐标系。原点 O 固定在地面的某点，X_g 轴在水平面内并指向某一方向，Z_g 轴垂直于地面并指向地心，Y_g 轴也在水平面内，并垂直于 X_g 轴，其指向按右手定则确定。一般在建立无人机运动方程时，忽略地球的旋转和曲率，把地面坐标轴系看成惯性坐标系，如图 3-1 所示。

机体坐标轴系为 $S_b\text{–}O_bX_bY_bZ_b$。机体坐标轴系是与无人机固定相连的坐标系。原点 O 在无人机的重心上，X_b 轴在无人机对称平面内平行于无人机的设计轴线并指向机头，Y_b 轴垂直于无人机对称平面并指向机身右方，Z_b 轴在无人机对称平面内，与 X_b 轴垂直并指向机身下方，如图 3-2 所示。机体坐标轴系主要用来描述无人机相对于该轴系的受力和运动关系。

气流坐标轴系为 $S_a\text{–}O_aX_aY_aZ_a$。气流坐标轴系与无人机固定相连。原点 O 在无人机的重心上，X_a 轴与飞行速度 V 一致，Z_a 轴在无人机对称平面内与 X_a 轴垂直并指向机腹下方，Y_a 轴垂直于 $O_aX_aZ_a$ 平面并指向机身右方。气流坐标轴系也称为速度坐标系。

稳定性坐标轴系为 $S_s\text{–}O_sX_sY_sZ_s$。稳定性坐标系与无人机固定相连。原点 O 在无人机的重心上，X_s 轴与飞行速度 V 在无人机对称平面内的投影重合，Z_s 轴位在无人机对称平面内与 X_s 轴垂直并指向机腹下方，Y_s 轴与机体轴 Y 重合一致。

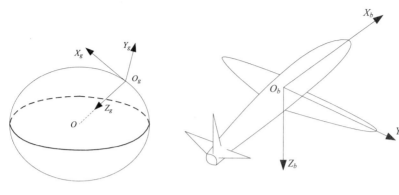

图 3-1　地面坐标轴系　　　　　图 3-2　机体坐标轴系

2. 坐标系的变换关系

为了方便地描述无人机相对于地面的运动，需要确定机体坐标轴系、气流坐标轴系以及稳定性坐标轴系等动坐标系相对于惯性坐标系（地面坐标系）的方位，同时各动坐标系之间也需要确定彼此的相对方位。另外，为了使作用在不同坐标系中的力统一到选定的坐标系中，并由此建立沿着各个轴向的力的方程以及围绕各轴的力矩方程，必须知道各个坐标系之间的转换关系。

一般来说，任何一组直角坐标系相对于另一组直角坐标系的方位，都可以由欧拉角来确定。下面以地面坐标轴系和机体坐标轴系的转换为例，来说明各坐标系之间的转换。

假设经过坐标平移，两坐标轴系的原点重合于无人机的重心 O 点，然后经过三次旋转来实现两坐标轴系之间的转换，如图 3-3 所示。

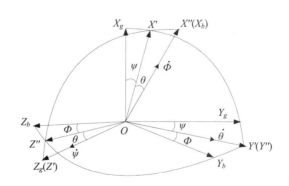

图 3-3　欧拉变换

由地面坐标轴系 S_g 转动偏航角 ψ 到过渡坐标轴系 $S'-OX'Y'Z'$，即式（3-1）。

$$\begin{bmatrix} x' \\ y' \\ z' \end{bmatrix} = \begin{bmatrix} \cos\psi & \sin\psi & 0 \\ -\sin\psi & \cos\psi & 0 \\ 0 & 0 & 1 \end{bmatrix} \begin{bmatrix} x_g \\ y_g \\ z_g \end{bmatrix}$$

（3-1）

由过渡坐标轴系 S' 转动俯仰角 θ 到过渡坐标轴系 $S''- OX''Y''Z''$，即式（3-2）。

$$\begin{bmatrix} x'' \\ y'' \\ z'' \end{bmatrix} = \begin{bmatrix} \cos\theta & 0 & -\sin\theta \\ 0 & 1 & 0 \\ \sin\theta & 0 & \cos\theta \end{bmatrix} \begin{bmatrix} x' \\ y' \\ z' \end{bmatrix} \tag{3-2}$$

由过渡坐标轴系 S'' 转动滚转角 Φ 到机体坐标轴系 $S_b - O_b X_b Y_b Z_b$，即式（3-3）。

$$\begin{bmatrix} x \\ y \\ z \end{bmatrix} = \begin{bmatrix} 1 & 0 & 0 \\ 0 & \cos\phi & \sin\phi \\ 0 & -\sin\phi & \cos\phi \end{bmatrix} \begin{bmatrix} x'' \\ y'' \\ z'' \end{bmatrix} \tag{3-3}$$

由地面坐标轴系 S_g 到机体坐标轴系 S_b 的转换矩阵为式（3-4）。

$$M_{\theta\psi\phi} = \begin{bmatrix} \cos\theta\cos\psi & \cos\theta\sin\psi & -\sin\theta \\ \sin\theta\cos\psi\sin\phi - \sin\psi\cos\phi & \sin\theta\sin\psi\sin\phi + \cos\psi\cos\phi & \cos\theta\sin\phi \\ \sin\theta\cos\psi\cos\phi + \sin\psi\sin\phi & \sin\theta\sin\psi\cos\phi - \cos\psi\sin\phi & \cos\theta\cos\phi \end{bmatrix} \tag{3-4}$$

所以，地面坐标轴系与机体坐标轴系之间的转换满足方程式（3-5）。

$$S_b = M_{\theta\psi\phi} S_g \text{ 和 } S_g = M_{\theta\psi\phi}^T S_b \tag{3-5}$$

采用同样的方法，可以进行其他坐标轴系之间的转换。

3.1.2 运动参数

无人机的运动参数用来完整描述其运动所需要的变量。只要这些参数确定了，无人机的运动也就唯一确定了。因此，可以把无人机的运动参数看成是飞行自动控制系统中的被控量。

1. 姿态角

无人机的姿态角是由机体坐标轴系与地面坐标轴系之间的关系确定的，即通常所指的欧拉角。

（1）偏航角 ψ：机体轴 X_b 在地平面上的投影与地轴 X_g 之间的夹角，以机头右偏航时为正。

（2）俯仰角 θ：机体轴与水平面的夹角，以机头抬起时为正。

（3）滚转角 Φ：机体轴 Z_b 与通过机体轴 X_b 的铅垂平面之间的夹角，以无人机右滚时为正。

2. 气流角

气流角又称气动角，是由飞行速度向量与机体坐标轴系之间的关系确定的。

（1）迎角 α：飞行速度向量 V 在无人机对称平面内的投影与机体轴 X 之间的夹角，V 的投影在机体轴 X_b 下面时为正。

（2）侧滑角 β：飞行速度向量 V 与无人机对称平面之间的夹角，V 的投影在对称平面右侧时为正。

3. 航迹角

无人机的航迹角是由气流坐标轴系与地面坐标轴系之间的关系确定的。

（1）航迹倾斜角 μ：飞行速度向量 V 与水平面的夹角，以无人机向上飞时为正。

（2）航迹方位角 ϕ：飞行速度向量 V 在水平面上的投影与地轴 X_g 之间的夹角，投影在 X_g 右侧时为正。

（3）航迹滚转角 γ：速度轴 Z_a 与通过速度轴 X_a 的铅垂面之间的夹角，无人机向右滚转时为正。

另外，还会用到以下变量符号。

（1）u、v、w：无人机在静止空气中的飞行速度向量在机体坐标轴系中的分量。

（2）p、q、r：无人机角速度在机体坐标轴系中的分量，分别为滚转角速度、俯仰角速度和偏航角速度。

（3）D、L、C：无人机所受空气动力在机体坐标轴系中的分量，分别为阻力、升力和侧力。

（4）L、M、N：无人机所受空气动力矩在机体坐标轴系中的分量，分别为滚转力矩、俯仰力矩和偏航力矩。

（5）T：无人机发动机的推力。

（6）m：无人机及其载荷的质量。

3.1.3 无人机运动方程

无人机在外力作用下的运动规律一般是用运动方程来描述的，即用微分方程的形式来描述无人机的运动和状态参数随时间的变化规律。无人机的运动方程通常可分为动力学方程和运动学方程，动力学方程以牛顿第二定律为基础建立，运动学方程通过坐标变换得出。

在惯性参考系中，应用牛顿第二定律可以建立起飞行器在外合力 F 作用下的线运动，以及在合力矩 M 作用下的角运动。

无人机在外合力作用下的线运动方程为式（3-6）。

$$\sum F = \frac{\mathrm{d}}{\mathrm{d}t}(mv) \qquad (3\text{-}6)$$

无人机在外合力矩作用下的角运动方程为式（3-7）。

$$\sum M = \frac{\mathrm{d}}{\mathrm{d}t}H \qquad (3\text{-}7)$$

式中，F 为外力，M 为外力矩，m 为无人机质量，v 为无人机质心的速度向量，H 为动量矩。

以机体坐标系为动坐标系，建立的动力学方程为式（3-8）和式（3-9）。

$$F_x = m(\dot{u} + wq - vr)$$

$$F_y = m(\dot{v} - ur - wp) \qquad (3-8)$$

$$F_z = m(\dot{w} + vp - uq)$$

$$L = \dot{p}I_x - \dot{r}I_{xz} + qr(I_z - I_y) - pqI_{xz}$$

$$M = \dot{q}I_y + pr(I_x - I_z) + (p^2 - r^2)I_{xz} \qquad (3-9)$$

$$N = \dot{r}I_z - \dot{p}I_{xz} + pq(I_y - I_x) + qrI_{xz}$$

为了描述无人机相对于地面的运动，由动坐标系（机体坐标系）和地面坐标系之间的关系得到运动学方程式（3-10）和式（3-11）。

$$\dot{\phi} = p + (r\cos\phi + q\sin\phi)\tan\theta$$

$$\dot{\theta} = q\cos\phi - r\sin\phi \qquad (3-10)$$

$$\dot{\psi} = (r\cos\phi + q\sin\phi)/\cos\theta$$

$$\dot{x}_g = u\cos\theta\cos\psi + v(\sin\phi\sin\theta\cos\psi - \cos\phi\sin\psi) +$$

$$w(\sin\phi\sin\psi + \cos\phi\sin\theta\cos\psi)$$

$$\dot{y}_g = u\cos\theta\sin\psi + v(\sin\phi\sin\theta\sin\psi + \cos\phi\cos\psi) + \qquad (3-11)$$

$$w(-\sin\phi\cos\psi + \cos\phi\sin\theta\sin\psi)$$

$$\dot{h} = u\sin\theta - v\sin\phi\cos\theta - w\cos\phi\cos\theta$$

无人机的一般运动方程是一组复杂的非线性微分方程组，不利于分析构形参数与运动稳定性、操纵性等的内在联系，如果直接用其进行控制律设计会非常复杂，而线性化的运动方程更适合以成熟的线性系统控制理论为基础的飞行控制系统的设计。因此，在分析无人机的构形参数与飞行稳定性和操纵性之间关系以及设计飞行控制系统之前，将方程进行线性化处理的方法成为目前在实际工程中广泛应用的重要方法之一。小扰动法是将非线性方程线性化的一种方法，它得到的方程为小扰动方程。

在刚体飞行器运动的假设下，无人机在空间中的运动有六个自由度，即质心的三个移动自由度和绕质心的三个转动自由度。对无人机来说，质心的三个移动自由度是速度的增减运动、上下升降运动和左右侧移运动。三个转动自由度是俯仰角运动、偏航角运动和滚转角运动。由于无人机有几何和质量对称面，因此根据各自由度之间的耦合强弱程度，可以将六个自由度的运动分成对称平面和非对称平面内的运动。纵向运动（对称平面的运动）包括速度的增减、质心的升降和绕 O_y 轴的俯仰角运动；横侧向运动（非对称平面内的运动）包括质心的侧向移动、绕 O_z 轴的偏航角运动和绕 O_x 轴的滚转角运动。

在小扰动等基本假设条件下，飞机可以线性化为纵向运动方程和横侧向运动方程。通常情况下，可以利用升降舵、副翼、方向舵及油门来完成对飞机运动的控制。其中升降舵、副翼、方向舵及油门的偏转角分别用 δ_e、δ_a、δ_r、δ_T 表示，其方向规定如下。

（1）δ_e：升降舵下偏为正。

（2）δ_a：副翼左上右下为正。

（3）δ_r：方向舵左偏为正。

（4）δ_T：加油门为正。

纵向线性化小扰动运动方程式的简化形式为：$\dot{x} = Ax + B\eta$，其中 $x = [\Delta u \quad \Delta w \quad \Delta q \quad \Delta\theta]^T$，$\eta = [\Delta\delta_e \quad \Delta\delta_T]^T$，$x$ 为状态变量，η 为控制变量，矩阵 A 和 B 包含了飞机的有量纲的稳定性导数，如式（3-12）和式（3-13）。

$$A = \begin{bmatrix} X_u & X_w & 0 & -g \\ Z_u & Z_w & u_0 & 0 \\ M_u + M_{\dot{w}}Z_u & M_w + M_{\dot{w}}Z_w & M_q + M_{\dot{w}}u_0 & 0 \\ 0 & 0 & 1 & 0 \end{bmatrix} \tag{3-12}$$

$$B = \begin{bmatrix} X_\delta & X_{\delta T} \\ Z_\delta & Z_{\delta T} \\ M_\delta + M_{\dot{w}}Z_\delta & M_{\delta T} + M_{\dot{w}}Z_{\delta T} \\ 0 & 0 \end{bmatrix} \tag{3-13}$$

横侧向线性化小扰动运动方程组的简化形式为：$\dot{x} = Ax + B\eta$，其中 $x = [\Delta v \quad \Delta p \quad \Delta r \quad \Delta\phi]^T$，$\eta = [\Delta\delta_a \quad \Delta\delta_r]^T$，得到式（3-14）和式（3-15）。

$$A = \begin{bmatrix} Y_v & Y_p & -(u_0 - Y_r) & g\cos\theta_0 \\ L_v & L_p & L_r & 0 \\ N_v & N_p & N_r & 0 \\ 0 & 1 & 0 & 0 \end{bmatrix} \tag{3-14}$$

$$B = \begin{bmatrix} 0 & Y_{\delta r} \\ L_{\delta a} & L_{\delta r} \\ N_{\delta a} & N_{\delta r} \\ 0 & 0 \end{bmatrix} \tag{3-15}$$

Aerosonde 无人机气动布局合理，具有较高的静稳定性，以巡航状态点为设计点，利用 Aerosim 工具箱的线性化功能对非线性模型进行线性化处理。选取的基准运动为：无人机水平无侧滑飞行，速度 $v = 25\text{m/s}$，高度 $h = 500\text{m}$，滚转角 $\phi = 0$，侧滑角 $\beta = 0$，迎角 $\alpha = 2.95\deg$，俯仰角 $\theta = 2.95\deg$，$p = q = r = 0$。

纵向运动线性化方程为：状态方程 $\dot{x} = Ax + B\eta$，输出方程 $y = C\dot{x}$，其中 $x = [u \quad w \quad q \quad \theta]^{\text{T}}$，$\eta = [\delta_e \quad \delta_{\text{T}}]^{\text{T}}$，$y = [Va \quad a \quad q \quad \theta]^{\text{T}}$，得到式（3-16）、式（3-17）和式（3-18），纵向基本特性如表 3-1 所示。

$$A = \begin{bmatrix} -0.2322 & 0.5348 & -1.2638 & -9.8109 \\ -0.5625 & -4.3431 & 24.3887 & -0.5047 \\ 0.4327 & -4.7092 & -5.0101 & 0 \\ 0 & 0 & 1 & 0 \end{bmatrix} \quad (3\text{-}16)$$

$$B = \begin{bmatrix} 0.3470 & 0 \\ -2.4734 & 0 \\ -34.1930 & 0 \\ 0 & 0 \end{bmatrix} \quad (3\text{-}17)$$

$$C = \begin{bmatrix} 0.9987 & 0.0514 & 0 & 0 \\ -0.0021 & 0.0399 & 0 & 0 \\ 0 & 0 & 1 & 0 \\ 0 & 0 & 0 & 1 \end{bmatrix} \quad (3\text{-}18)$$

表 3-1 纵向基本特性

纵向特征根	$-4.6750 \pm 10.7356i$ $-0.0615 \pm 0.5302i$		
短周期模态	ζ_s	ω_s	T_{ws}
	0.3993	11.7093	0.5853
长周期模态	ζ_p	ω_p	T_{wp}
	0.1151	0.5338	11.8504

横向运动线性化方程为：状态方程 $\dot{x} = Ax + B\eta$，输出方程 $y = C\dot{x}$，其中 $x = [v \quad p \quad r \quad \phi]^{\text{T}}$，$\eta = [\delta_a \quad \delta_r]^{\text{T}}$，$y = [\beta \quad p \quad r \quad \phi]^{\text{T}}$，得到式（3-19）、式（3-20）和式（3-21）。

$$A = \begin{bmatrix} -0.6711 & 1.2845 & -24.9667 & 9.8109 \\ -4.4226 & -21.7721 & 10.4787 & 0 \\ 0.7175 & -2.8241 & -1.0952 & 0 \\ 0 & 1 & 0.0514 & 0 \end{bmatrix} \quad (3\text{-}19)$$

$$\boldsymbol{B} = \begin{bmatrix} -1.4352 & 3.6632 \\ -126.0084 & 2.2672 \\ -4.9683 & -23.1458 \\ 0 & 0 \end{bmatrix} \tag{3-20}$$

$$\boldsymbol{C} = \begin{bmatrix} 0.04 & 0 & 0 & 0 \\ 0 & 1 & 0 & 0 \\ 0 & 0 & 1 & 0 \\ 0 & 0 & 0 & 1 \end{bmatrix} \tag{3-21}$$

常规飞机的横向动态特性用 4 个典型的扰动运动模态来表示，大负根表示快速滚转运动模态，小根表示缓慢运动螺旋模态，一对共轭负根表示荷兰滚运动模态，横向基本特性如表 3-2 所示。

表 3-2　横向基本特性

横侧向特征根	−20.9024 − 1.3438 ± 5.9679i 0.0517		
滚转模态	时间常数 Tr（s）	0.0478	
荷兰滚模态	ζ_d	ω_{nd}	$T_{1/2d}$
	0.2197	6.1171	1.0529
螺旋模态	倍幅时间 T_s	−19.3445	

3.2　无人机飞行控制系统设计

无人机飞行控制系统对无人机机载传感器的数据进行分析处理后，驱动相应的执行机构（通常包括油门和三个舵面），自主控制无人机完成任务，执行任务的过程（包括自动起飞和降落）如图 3-4 所示。

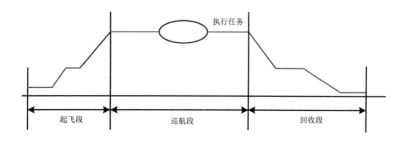

图 3-4　无人机执行任务的过程

无人机飞行控制系统的主要功能是飞行控制和任务管理，总体结构如图 3-5 所示。飞行控制是以姿态控制（俯仰、横滚、航向）作为内回路，以航迹控制作为外回路，当无人机在空中受到干扰时保持姿态与航迹的稳定，以及接收地面控制站的指令，改变飞机的姿态与航迹；任务管理负责完成导航计算、遥测数据传送、任务控制与管理（编队控制模块切换）等。

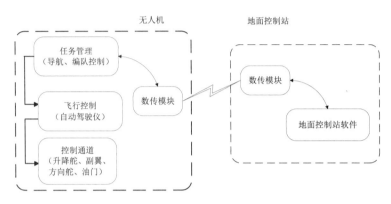

图 3-5　无人机飞行控制系统总体结构

典型的飞行控制系统一般由三个反馈回路构成，即舵回路、稳定回路和控制（制导）回路，如图 3-6 所示。

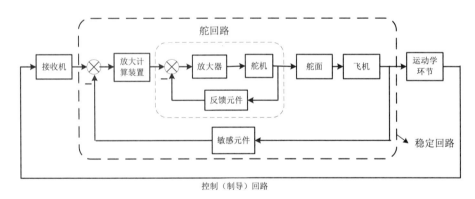

图 3-6　典型的飞行控制系统

为了改善舵机性能，以满足飞行控制系统的要求，通常会将舵机的输出信号反馈到输入端，形成负反馈回路（或称为伺服回路）的随动系统（或称为伺服系统），简称舵回路。舵回路一般包括舵机、反馈部件和放大器。

测量飞机飞行姿态信息的测量部件和舵回路构成自动驾驶仪，自动驾驶仪和被控对象（飞机）又构成了稳定回路，主要起稳定和控制飞机姿态的作用。由于该回路包含了飞机，而飞机的动态特性又随着飞行条件（如高度、速度等）而变化，因此为了保证该回路在各种飞行状态下都具有较好的性能，有时其控制律参数需要设置成可以随飞行条件变化的调参增益。例如，按照不同的飞行状态（起飞、爬升、低速、巡航、高速和着陆）设计不同的控制律，或者按照动压（q）、马赫数（M_a）、高度（h）、迎角（α）等参数调节控制律。

由稳定回路和飞机重心位置测量部件以及描述飞机空间位置几何关系的运动学环节构成控制（制导）回路，主要起稳定和控制飞机的运动轨迹的作用。控制（制导）回路是以飞机角运动的稳定与控制为基础构成的，飞机的重心运动（即飞行轨迹）是通过控制飞机的角运动实现的，这种通过姿态的变化来控制飞行轨迹的方式，是目前大多数大气层飞行器控制飞行轨迹的主要方式。

根据典型的飞行控制系统的功能和作用，基本的飞行自动控制系统包括阻尼器（Damper）、增稳系统（Stability Augmentation System，SAS）、控制增稳系统（Control Augmentation System，CAS）和自动驾驶仪（Autopilot）等。

3.2.1 飞行控制系统的基本设计思路

无人机的飞行控制系统包括硬件平台和飞行控制软件两个部分，本小节在分析典型的小型无人机飞行控制系统硬件平台的组成的基础上，给出飞行控制软件的设计思路及方案，确定适合编队飞行的无人机飞行控制软件的功能。

1. 硬件平台组成

面向不同任务的无人机飞行控制系统的各个组成模块可以选用不同的硬件来实现，在最大限度地提高无人机执行任务的可靠性和效率的同时降低成本。典型的无人机硬件组成如图 3-7 所示，通常包括以下几个部分：中央处理器模块（如 ARM、单片机、AMD 等处理器）、传感器模块（如 GPS 接收机、单轴速率陀螺、两轴加速计、气压高度计、气压空速计、温度传感器和数字磁罗盘等）、通信模块（如无线数传电台、数据链路）、电源模块、舵机模块。

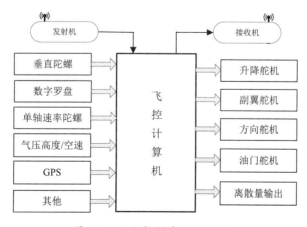

图 3-7　飞行控制系统硬件平台

2. 软件设计思路

无人机飞行控制系统主要的任务目标为：提高飞行质量，如改善俯仰、滚转和偏航通道的固有阻尼特性和固有频率特性；全自动航迹控制；监控和任务规划。

Aerosonde 无人机是低速、自然稳定的无人机。低速是指不考虑空气压缩效应引起的无人机气动参数的变化。自然稳定是指无人机的纵向短周期模态稳定，并具有较好的动态特性，飞行控制系统能够使纵向长周期运动稳定并改善长周期模态的动态特性；对于横向运动，控制系统能改善荷兰滚模态和螺旋模态的动态特性。

常规无人机的飞行控制系统是一个多通道控制系统，即多输入、多输出的控制系统，其输入量为传感器采集的无人机状态值，输出量为无人机状态方程的控制变量——舵偏角值和发动机推力。

因此，无人机飞行控制软件的主要功能是进行姿态控制和航迹控制。姿态控制中的俯仰角、偏航角、滚转角(θ、ψ、ϕ)作为主要被控量，航迹控制中的高度、侧偏距、速度（h、Z_d、v）作为主要被控量，无人机的输入输出关系可以表示成图 3-8 的形式。

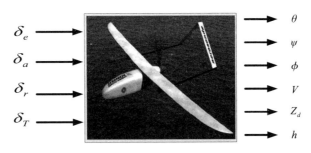

图 3-8　无人机的输入输出关系

在飞行控制律设计的初步阶段，暂不考虑伺服回路、传感器和等效延迟等非线性因素对闭环系统的影响。首先将无人机的六个自由度的全量运动方程线性化；然后充分利用相关的线性控制理论，合理设计出控制器的结构与参数，使系统的时域和频域响应都能达到相应的技术指标要求；最后再考虑系统的非线性因素，将设计好的控制器加入非线性飞机仿真模块中，通过数字仿真对控制参数进行必要的修正。

飞行控制软件开发是现代数字式飞行控制系统设计的重要组成部分，该软件具备控制律计算、工作模态转换、系统自动测试、故障监控、性能指标判别和参数调整等功能。本章主要进行无人机的纵向和横侧向回路控制律设计，实现无人机层次递阶控制结构的底层和中层控制，采用 Matlab 平台仿真。飞行控制功能的实现可以不针对具体的硬件和软件系统环境，在实际应用中，可以针对不同无人机的功能需求，对程序进行平台移植和扩展，从而实现飞行控制计算机的功能。这样能使控制律设计合理化、规范化，增强飞行控制软件的通用性，同时便于研究的可持续性。

3.2.2 飞行控制系统功能组成

本小节研究的对象是一架假定几何外形和内部质量分布均对称的无人机,飞机的六个自由度运动可以分解为相对独立的纵向控制通道和横侧向控制通道,飞行控制系统功能组成如图 3-9 所示。其中,纵向控制通道可以稳定与控制无人机的俯仰角、高度和速度;横侧向控制通道可以稳定与控制无人机的偏航角速率和侧偏距。控制飞机的这些不同变量,就可以切换到飞行控制系统的不同功能模态。

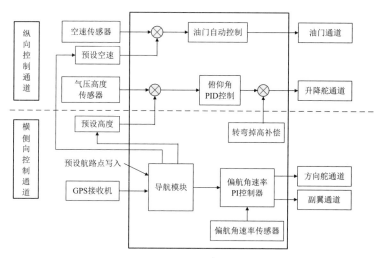

图 3-9　飞行控制系统功能组成

1. 纵向控制通道

纵向运动是指无人机的俯仰及升降运动,无人机的纵向控制通道是由升降舵和油门控制组成的一个控制回路,具有定高和定速等控制功能。在纵向控制通道中,俯仰角速率反馈构成增稳回路,偏航角速率构成转弯高度补偿,俯仰角控制回路构成纵向通道的核心控制回路——内回路。高度控制器在内回路的基础上构成外回路,在无人机做定高飞行时接入。在编队飞行中,高度保持由升降舵实现,速度保持由油门控制实现。

2. 横侧向控制通道

横侧向运动指无人机的滚转和偏航运动,是通过控制副翼和方向舵来实现的,具有航向控制、偏航增稳控制、转弯控制和航迹控制功能。方向舵回路主要用来增加荷兰滚阻尼,副翼回路以偏航角速率控制为内回路,以侧偏距控制为外回路,利用副翼的偏转来调节偏航角速率,进而控制侧偏距。

3. 自主导航控制

小型无人机要完成各种任务,除了姿态控制外,还需具备自主导航功能(包括水平与垂直自主导航)。全球定位系统 GPS 具有全球、全天候的精密三维导航能力,而且体积小、重量轻,因而在航空、航海和地面交通等领域得到了广泛应用，并取得了良好的效果。

自主导航控制系统的基本原理是，在无人机飞行前按要求制定飞行航线，该航线分别由航路点和相临两航路点之间的直线段组成，由无人机当前位置计算无人机偏离航线的侧偏距，然后计算出给定导航偏航角速率，控制副翼和方向舵的舵偏角值，最终消除侧偏距。

自主导航系统的功能主要有三点：一是飞行前制定航路点数据；二是根据预定航线，实时解算无人机的真实位置与预定航线的偏差并进行控制律计算，使无人机回到预定的航线上，实现航线跟踪；三是根据航路点数据进行航线切换。

在软件开发规范（GJB 473-88 军用软件开发规范、GJB 438-1988 军用软件文档编制规范、GJB 439-1988 军用软件质量保证规范、GJB 438A-1997 武器系统软件开发、GJB1091-1991 军用软件需求分析）中，数字式飞行控制软件应按照功能分别进行开发。本章设计的飞行控制系统功能划分如下。

（1）俯仰内回路控制，包括俯仰增稳和俯仰姿态保持。

（2）航向内回路控制，包括偏航角速率控制和协调转弯。

（3）纵向外回路控制，包括飞行高度保持和速度保持。

（4）横侧向外回路控制，包括航向保持和航向选择。

（5）发动机油门控制。

（6）自主导航。

3.3 纵向回路控制律设计

纵向回路控制量主要包括俯仰角、飞行高度和飞行速度，其控制律的设计也主要从这三个方面着手，目前应用较为广泛的是 PID 控制算法。

3.3.1 PID 控制算法

PID 控制是最早发展起来的控制策略之一，由于其具有算法简单、鲁棒性强以及可靠性高等特点，在实际的控制系统中得到了较为广泛的应用。用数字计算机代替模拟计算机调节器组成计算机控制系统，不仅可以用软件实现 PID 控制算法，还可以利用计算机的逻辑功能使 PID 控制更加灵活。

常规的 PID 控制由比例单元（K_p）、积分单元（T_I）和微分单元（T_D）三部分组成，给定值 $rin(t)$ 与实际输出值 $yout(t)$ 构成控制偏差：$error(t) = rin(t) - yout(t)$，输出为 $u(t)$，PID 的控制规律为式（3-22）。

$$u(t) = K_p \left(error(t) + \frac{1}{T_I} \int_0^t error(t)dt + \frac{T_D derror(t)}{dt} \right) \tag{3-22}$$

式中的 K_p 为比例增益，T_I 为积分时间常数，T_D 为微分时间常数。

1. PID 控制器中各校正环节的作用

（1）比例环节：成比例地反映控制系统的偏差信号 $error(t)$，一旦出现偏差，控制器立即进行控制，以减小偏差。PID 控制器的稳定性、超调量、响应速度等动态指标主要取决于比例系数 K_p 的大小，K_p 由小到大变化时，系统的响应速度加快；系统的超调量从无到有，由小变大；对于系统的稳定性来说，总体趋势是由强到弱。为了兼顾系统的稳定性和动态性能，应选择合适的比例系数 K_p。

（2）积分环节：主要用于消除静差，提高系统的无差度。积分作用的强弱取决于积分时间常数 T_I，T_I 越大，积分作用越弱，反之越强。过强的积分作用会造成系统的超调，同时积分的引入会给系统带来相角滞后，从而产生超调甚至引起积分饱和，不利于系统的响应。

（3）微分环节：反映偏差信号的变化趋势（变化速率），并能在偏差信号变得太大之前，在系统中引入一个有效的早期修正信号，从而加快系统的动作速度，减少调节时间。在复杂的实际环境中，由于环境噪声的污染，微分环节往往会放大系统的噪声，使得系统的抗干扰能力减弱。

2. 积分分离 PID

PID 控制通常采用引入积分环节的方式来消除静差，提高控制精度。但是在控制的启动、结束或大幅增减设定时，系统输出会有短时较大偏差，造成 PID 运算的积分积累，使控制量超过极限控制量，从而引起超调，甚至引起较大的震荡。积分分离控制的基本思路是，当被控量与设定值偏差较大时，取消积分作用，以免由于积分作用使系统稳定性降低，超调量增大；当被控量接近给定值时，引入积分控制，以便消除静差，提高控制精度。本小节的稳定回路采用积分分离 PID 控制策略，对俯仰角、偏航角速率进行控制。其具体实现步骤如下。

（1）根据实际情况，人为设定阀值 $\varepsilon > 0$。

（2）当 $|error(k)| > \varepsilon$ 时，采用 PD 控制，可避免产生过大的超调，且使系统有较快的响应。

（3）当 $|error(k)| \leq \varepsilon$ 时，采用 PID 控制，以保证系统的控制精度。

积分分离控制算法可表示为式（3-23）和式（3-24）。

$$u(k) = k_p error(k) + \beta k_i \sum_{j=0}^{k} error(j)T + k_d(error(k) - error(k-1))/T \tag{3-23}$$

$$\beta = \begin{cases} 1 & |error(k)| \leq \varepsilon \\ 0 & |error(k)| > \varepsilon \end{cases} \tag{3-24}$$

式（3.23）中，T 为采样时间，β 项为积分项的开关系数。根据积分分离 PID，得到其程序框图，如图 3-10 所示。

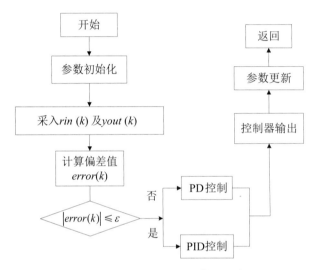

图 3-10　积分分离 PID 控制算法程序框图

3. PID 参数整定方法

PID 参数的整定要在系统的稳定性和系统的稳态、动态性能之间取一个折中，所以高精度、高性能的要求就很难满足。目前，PID 控制器参数的常用整定方法大体上可以分为两大类：第一类以 Ziegler-Nichols 方法（简称 ZN 方法）与 Chien-Hornes-Reswick 方法（简称 CHR 方法）为代表，这些方法首先给出系统的闭环时域响应（阶跃响应）或频域响应，然后将系统近似成一阶带延时的系统，再根据所给出的经验公式整定 PID 控制器的参数；另一类方法则没有经验公式，是根据各种性能指标及其数学定义，通过纯粹的数学运算来整定 PID 控制器参数。

这些方法主要包括：改进的 Ziegler-Nichols 方法、预测性 PID 控制器算法、幅值裕度设定方法、最优 PID 控制器设计方法和基于灵敏度的设计方法，等等。目前，应用最多的还是工程整定法，如试凑法、ZN 方法和衰减曲线法。下面介绍几种常用的 PID 控制器参数整定方法。

Ziegler-Nichols 方法。该整定方法基于稳定性分析，根据对象特性或对象在临界震荡时响应曲线的参数来整定控制器的参数，主要包括反应曲线法、临界比例度法和衰减曲线法。

反应曲线法适用于对象传递函数可近似为$(K/T_s+1)\mathrm{e}^{-\tau t}$的场合。先输入阶跃信号，测得输出曲线并估计对象参数K、T、τ，然后根据所使用的控制器类型，按照表 3-3 得到控制器的参数。

表 3-3　反应曲线法 PID 参数整定表

控制器类型	比例度 δ（%）	积分时间 T_I	微分时间 T_D
P	2.0τ	—	—
PI	$1.1K（\tau/T）\times100\%$	3.3τ	—
PID	$0.85K（\tau/T）\times100\%$	2.0τ	0.5τ

临界比例度法适用于已知对象传递函数的场合。首先将调节系统中的调节器设置成比例状态，然后把比例度δ（即K_p的倒数）由大逐渐调小，直至出现等幅震荡。此时的比例度称临界比例度δ_k，相应的振荡周期称临界振荡周期T_k，可根据所使用的控制器类型，按照表 3-4 得到控制器的参数。采用临界比例度法，系统得到临界振荡的条件是，系统必须是三阶或三阶以上的。

表 3-4　临界比例度法 PID 参数整定表

控制器类型	比例度 δ（%）	积分时间 T_I	微分时间 T_D
P	$2.0\delta_k$	—	—
PI	$2.2\delta_k$	0.833τ	—
PID	$1.7\delta_k$	0.50τ	0.125τ

衰减曲线法是根据衰减频率特性来整定 PID 控制器参数的。先将闭环系统中的调节器作用置于纯比例，从大到小调节比例度，然后进行加扰动做调节实验，直至出现 4:1 衰减振荡，此时的比例度记为δ_s，振荡周期记为T_s，其中T_s为Y_1到Y_2的时间（如图 3-11 所示），上升时间记为t_r。

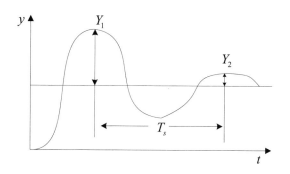

图 3-11　衰减曲线法

3.3.2 俯仰角控制律设计

无人机在各种不同的高度巡航飞行、稳态爬升及下滑飞行时都要求保持相应的姿态，通过姿态控制来实现无人机高度保持和控制。俯仰姿态控制回路最常用的 PID 控制结构就是利用俯仰角速率 ω_z 和俯仰角 θ 双回路反馈，其结构如图 3-12 所示。

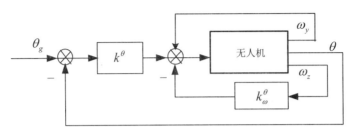

图 3-12　俯仰姿态控制回路结构

积分分离 PID 控制律为式（3-25）

$$\delta_z = k_z^\theta(\theta_g - \theta) - k_\omega^\theta\omega_z + k_h^\theta\omega_y \tag{3-25}$$

其中，δ_z 为升降舵偏角，θ 为测量俯仰角，θ_g 为给定俯仰角，ω_z 为俯仰角速率（通过俯仰角微分获得），ω_y 为偏航角速率（高度补偿），k_z^θ、k_ω^θ 和 k_h^θ 为相应的反馈传动比。采用积分分离 PID 结构时，$k_z^\theta = k_p + \beta k_i(1/s)$，$\beta$ 为开关系数，俯仰角控制回路的 Simulink 仿真模块如图 3-13 所示，仿真中主要进行高度保持和控制，俯仰角接口为高度控制的指令，同时引入偏航角速率进行转弯掉高补偿。

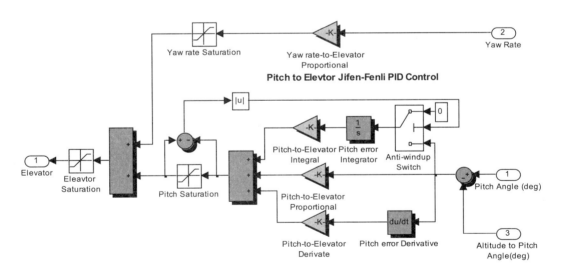

图 3-13　俯仰角控制回路

3.3.3 高度保持 / 控制模态控制律设计

高度控制回路是在姿态控制回路的基础上形成的，设计高度控制系统时通常不再改变已经设计完成的姿态控制系统，高度控制回路的结构如图 3-14 所示。

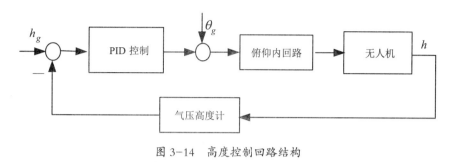

图 3-14　高度控制回路结构

高度控制回路的控制律如式（3-26）所示。

$$\delta_z = k_z^\theta(\theta_g - \theta) - k_\omega^\theta \omega_z + k_h^\theta \omega_y + K_z^H \Delta H + K_z^{\dot{H}} \dot{H} + K_z^{\int H} \int \Delta H dt \qquad （3-26）$$

式中，h 为测量高度，h_g 为给定高度，高度信号由气压高度计和 GPS 采集得到。

3.3.4 速度保持 / 控制模态设计

飞机纵向运动的控制量一般有两个：升降舵和油门。升降舵的偏转可导致俯仰角和空速发生显著变化。油门的变化可使得俯仰角和航迹倾斜角发生显著变化，而空速却变化不大。如果升降舵和油门同时变化，可使俯仰角与空速均发生显著变化。

速度控制有如下两种常用的方案。

1. 通过升降舵偏转来改变俯仰角，从而实现速度控制

通过升降舵偏转来改变俯仰角从而实现控制速度的方法，其实质是通过调整重力在飞行速度方向上的投影来控制速度。在这个方案中，由于油门固定不变，因此飞行速度的调节范围是有限的。

2. 自动油门系统

自动油门系统是通过控制油门的大小来改变发动机推力，从而实现控制速度的目的。俯仰控制回路有两种工作方式，一种是工作在高度 h 的稳定状态，另一种是工作在俯仰姿态角 θ 的稳定状态。

（1）工作在高度保持状态，空速向量处于水平方向，则重力在切向上的投影为零。如果增加油门，则发动机的推力增量将全部反映在增加空速上。

（2）工作在俯仰角保持状态，则控制油门产生的发动机推力只有一部分反映在空速上。因为当进行无滚转角飞行时，俯仰角 $\Delta\theta$、迎角 $\Delta\alpha$ 和航迹倾斜角 $\Delta\mu$ 满足关系式 $\Delta\theta = \Delta\mu + \Delta\alpha$，所以除反映在空速变化上的推力，其余发动机推力会引起迎角和航迹倾斜角的变化以及高度的变化。

在编队的队形控制中，俯仰角回路工作在高度保持状态，采用油门控制速度，控制策略采用 P 控制，如图 3-15 所示。

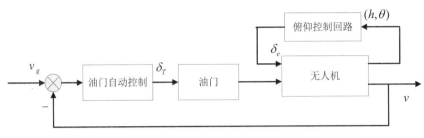

图 3-15　通过油门控制速度

3.4　横侧向回路控制律设计

横侧向回路控制量主要包括偏航角和横滚角，其控制律的设计主要考虑姿态稳定与控制、航向保持与控制以及自主导航三个方面。

3.4.1 姿态稳定与控制

无人机的横侧向姿态稳定与控制，就是要保证高精度的偏航角 ψ 和滚转角 ϕ 的稳定与控制，以实现令人满意的转弯飞行。本小节没有对滚转角和偏航角进行控制律设计，为了实现航向控制和转弯飞行，横侧向的方案为控制偏航角速率，偏航角速率控制如图 3-16 所示。

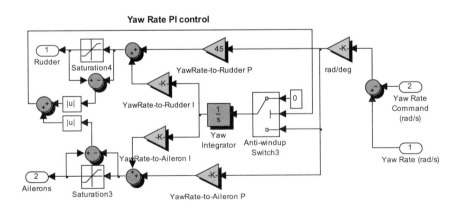

图 3-16　偏航角速率控制

3.4.2 航向保持 / 控制模态控制律设计

无人机的重心运动可分为垂直方向、航迹切线方向和侧向偏离三种，航向保持与控制主要是通过侧向偏离控制实现的。侧向偏离控制和高度控制在原理上有许多相似之处，高度控制以俯仰角控制回路作为内回路，侧向偏离控制以偏航角速率控制为内回路。由于横侧向有两个操纵机构（副翼和方向舵），这两个操纵机构可以单独或联合控制无人机的侧向运动，因此无人机的侧向偏离运动的控制方案较多。侧向偏离信号的侧偏距 Z 是通过飞机当前的经纬度与预先设定的航路相比较解算获得的，根据侧向偏离信号反馈位置的不同，可以得到以下三种控制方案。

（1）通过副翼控制滚转以修正侧向偏离 y（侧向偏离信号加入副翼通道），方向舵只起阻尼与辅助作用，此方案目前使用最为广泛。

（2）同时通过副翼与方向舵两个通道的协调转弯来控制 y。

（3）利用方向舵控制转弯来修正 y（侧向偏离信号加入方向舵通道），副翼通道起辅助协调作用。

协调转弯是指无人机在水平面内连续改变飞行方向，保证侧滑角 $\beta = 0$，即滚转与偏航运动两者之间的耦合影响最小，并能保证不掉高度的一种转弯机动。在实际飞行中，滚转运动与偏航运动并不完全独立，而是紧密联系、相互耦合的。因此在转弯时，如果飞机纵轴与速度向量的方向不同（即不协调），往往会产生很大的侧滑角 β，而侧滑角 β 的存在会增大飞机阻力。要消除转弯过程中的 β 角，需要实现自动协调转弯。

在实际采用的侧向协调控制规律中，有许多不同的协调转弯控制方案，但这些方案都要求飞机在实现转弯过程中的侧滑角 β 为 0。实现协调转弯有三种途径：一是利用侧滑角 β 反馈实现协调转弯；二是利用侧向加速度 a_z 反馈实现协调转弯；三是利用偏航角速度 r 计算值的反馈实现协调转弯。

 ## **3.5 仿真结果**

选用高度 500m，速度 25m/s 为配平点，进行仿真验证。

阶跃信号（初始值为 0，最大值为 5）仿真，俯仰角变化如图 3-17 所示。阶跃信号（初始值为 500，最大值为 510）仿真，高度变化如图 3-18 所示。阶跃信号（初始值为 25，最大值为 30）仿真，油门控制速度变化如图 3-19 所示。阶跃信号（初始值为 0，最大值为 0.05）仿真，偏航角速率变化如图 3-20 所示。

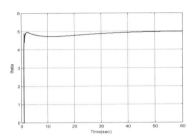

图 3-17　俯仰角对阶跃输入（5deg）的响应

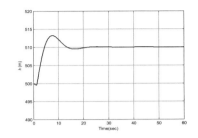

图 3-18　高度对阶跃输入（510m）的响应

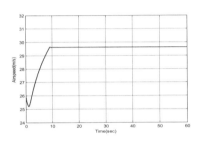

图 3-19　速度对阶跃输入（30m/s）的响应

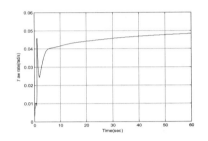

图 3-20　偏航角速率对阶跃输入（0.05rad/s）的响应

无人机的非线性仿真 Simulink 图如图 3-21 所示，高度保持为 500m，预定航线飞行航路点结构如表 3-5 所示，飞行仿真结果如图 3-22 所示。

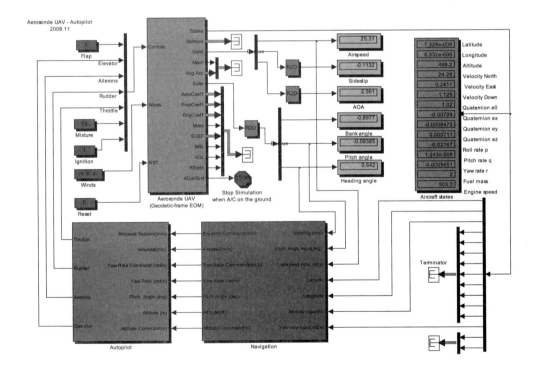

图 3-21　无人机飞行控制 Simulink 图

表 3-5　航路点结构数据

航点编号	经度	纬度	航线夹角	提前转弯量
1（起点）	0	0	0	0
2	0.001	0.001	45	10
3	0.002	0	135	10
4	0.001	−0.001	225	10
5（终点）	0	0	315	10

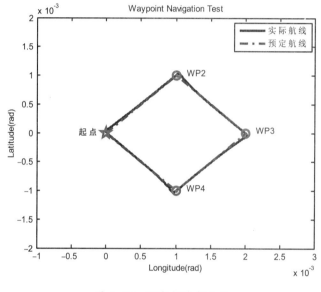

图 3-22　预定航路点飞行

由航线跟踪结果可以看出，该无人机已具有比较理想的航线跟踪和航线切换能力，说明自主导航系统模块达到了设计要求。

 本章小结

本章分析了无人机飞行控制系统的主要功能需求，确定了设计方案，对无人机的纵向、横侧向回路进行了控制律设计，并实现了自主导航功能。通过仿真实验，验证了控制律设计的合理性以及所采用方法的有效性。

第 4 章
基于 PID 的无人机编队运动控制策略

　　飞行编队就是将多个飞行器按照一定的形状组合，通过控制使其在运动过程中保持队形，完成特定的任务。当飞机处于巡航阶段，或者飞往作战区域及目的地时，通常是以一定的编队方式飞行的。而当一组无人机从地面起飞以后，按照任务需要进行编队或队形变换时，需要对各无人机以及它们之间的相对位置、姿态、速度等进行控制，以满足编队保持及队形变换的要求。对于有人驾驶的飞机来说，编队的保持和变换是飞行员通过将肉眼和飞机仪表相结合，形成对自身与长机之间相对位置和相对速度的判断，然后操纵飞机来完成的。但对于无人机来说，由于没有飞行员的直接驾驶，很难形成对自身与长机之间相对位置和速度的判断，因此，建立编队无人机之间相对运动的模型，是进行无人机编队控制研究的基础。

4.1 无人机编队条件假设

对于无人机来说，要进行编队，除了需要编队控制技术外，还涉及很多关键技术，如无人机个体的控制、编队队形的设计、编队无人机之间的气动影响以及信息的实时传递等。因此本章在研究无人机编队运动模型之前，先做出以下假设。

1. 编队中的无人机是具有高度、航向和速度驾驶仪等的性能良好的无人机

现代无人机，特别是自主控制的高性能无人机，在设计时就将增稳系统及增稳控制系统考虑进去了。也就是说，在无人机中就包含了对各舵面的稳定回路以及对各个状态量的稳定控制回路，如对各个轴的滚转角速度的稳定回路，以及为了使无人机能够协调地机动飞行和具有高性能的机动性，在纵向和侧向设计的增稳控制系统等。因此，本章不讨论这方面的内容，而是认为无人机是一个具有内稳定回路或者是具有一些状态量稳定系统的飞机，如具有速度稳定自动驾驶仪、高度稳定自动驾驶仪和航向稳定自动驾驶仪等的性能良好的飞机。这样就无须通过无人机最初的动力学特性来建立一个高阶的精确模型，而只是把无人机看成以一定的输入控制量来控制相应的飞行状态变量，即把无人机简化成质点模型。

2. 无人机的机载传感器和通信系统是理想的

由于无人机在编队过程中需要及时知道自身和其他无人机以及周围环境的信息，因此它的机载传感器必须有能力感知并处理这些信息。此外，无人机在飞行过程中还需和其他无人机或地面控制站进行通信。事实上，传感器和通信系统处理如此大量的信息是有延时的，而如果把延时考虑进去将使问题复杂化。所以为简化问题，本章假设所有机载传感器和通信系统是理想的，即能够准确、无延时地传输和处理各种所需信息。

3. 编队中的无人机之间不受涡流的影响

无人机在飞行时产生的尾涡流场会对穿越其流场或者近距离飞行的无人机的动力性能产生很大的影响，这种影响对于编队中的无人机来说有利也有弊。例如，僚机可以借助前面无人机产生的尾涡流减小阻力，增加升力，从而减少燃料消耗，增大航程。但是尾涡流同时也会给后面的无人机带来不小的扰动，对后机的飞行安全和动态特性产生较大影响。因此，本章为方便研究，忽略无人机编队中涡流的影响。

4. 无人机编队飞行是在某一特定空间区域进行的，大气密度均匀且静止

理论上，无人机的编队飞行可以在大气层内任何适应无人机飞行的空间内进行，然而，随着高度的变化，大气的密度也在不断变化，而且大气的运动是随机的。为简化问题，本章假设无人机编队飞行是在某一特定空间区域进行的，大气密度均匀且静止。

5. 无人机编队为固定编队

无人机编队飞行主要有两种形式：一种是固定编队（Fixed Formation Flight），即在编队飞行过程中，无人机之间保持相对固定的距离和状态，整体呈现出固定的队形；另一种是自由编队（Flocking Formation Flight），即在编队飞行过程中，无人机之间没有相对固定的距离和状态，像一群小鸟一样飞行。本章主要研究无人机的固定编队飞行，如没有特指，提到编队飞行时均指固定编队飞行。

如第 1 章所述，编队控制是指多架无人机在完成任务的过程中保持某种既定有利队形，同时又要适应环境约束（例如，存在障碍物或者空间的物理限制）的控制技术。一个合理的编队在飞行过程中既要能使每架无人机个体都保留在编队中，又要能使无人机之间保持一定的距离和形状。对于每一架无人机个体来说，既要有一定的自主性（完成任务、避障），同时又要体现出无人机之间的协作性（保持队形）。对于编队这个整体来说，既要能在飞行中保持稳定，并根据任务的需求实现编队队形的调整，又要能够根据战场环境实现编队中无人机的防碰撞和障碍物的规避等。

4.2 无人机编队运动建模

无人机编队运动是一种相对运动，对于编队无人机来说，主要存在相对参照物的选择和相对状态的保持问题，而要保持相对状态，则必须选择合适的参考坐标系。因此，建立无人机编队飞行相对运动模型的关键点有两个，一是参考长机的选择，二是参考坐标系的选择。当选择了合适的参考长机和参考坐标系后，编队无人机之间的相对运动关系就确定了。

4.2.1 参考长机的选择

在无人机固定编队飞行中，必须确定一个长机作为参考，由长机带领编队向目标点飞行。长机的选择通常有三种方法，如图 4-1 所示。

（a）以领航无人机为参考　　（b）以相邻的无人机为参考　　（c）以虚拟长机为参考

图 4-1　编队参考长机的选择

1. 以领航无人机为参考

此种方法是在飞行编队中选择领航无人机作为参考长机，每架无人机根据该无人机的位置和编队要求来确定自己在队形中的位置。长机带领整个编队向目标位置飞行，但是不负责队形的保持，队形的保持由僚机负责。这种情况下，长机的位置只与任务要求有关，而与僚机无关。

2. 以相邻的无人机为参考

每架无人机选择与自己相邻的已经确定位置的无人机作为参考长机，由长机的位置确定自身的位置。长机的位置也与僚机无关。

3. 以虚拟长机为参考

选择一架虚拟长机作为整个编队的参考。这架虚拟长机的位置通常是整个编队的中心位置，即各架无人机位置坐标的平均值。此时长机的位置与每架无人机的位置状态均有关系。

针对不同的飞行任务、所处环境和编队队形，参考长机的选择有可能不同，队形保持效果也就可能不同。

采用领航无人机作为参考长机，优点是与一般有人驾驶飞机编队相似，符合人们的思维习惯，简单易行。但当编队无人机数量较多时，则容易造成资源冲突，因此适合在编队无人机数量较少时采用。

采用相邻无人机作为参考长机不容易发生无人机之间的冲突。但当队形复杂并需要进行变换时，相邻无人机的位置会发生变化，有可能变为不再相邻，此时参考长机的选择比较困难，而且形成稳定编队的时间比较长。

采用编队的中心位置作为虚拟参考长机，优点是容易保持整个编队的稳定。比如，当某一架无人机掉队时，编队的中心位置必然会发生变化并后移，即参考长机的位置会发生变化，整个编队能够立刻产生反应，其他无人机的速度等也会产生相应改变，以"等待"掉队无人机赶上。缺点是由于虚拟长机的位置受编队中的每架无人机的影响，向目的地飞行时容易受到干扰；并且由于虚拟长机的位置、速度不断变化，无人机编队相对运动的建模也变得比较复杂，不利于求解。

综上所述，以上三种长机的选择方法都有各自的优缺点，应综合考虑编队的任务、无人机的数量以及编队的队形等因素来决定长机的选择方法。本章以某无人机的双机编队为例，建立它们之间的相对运动方程，因此采用第一种方法，即以领航无人机作为参考长机。

4.2.2 参考坐标系的定义

参考坐标系有多种，如地面坐标系、机体坐标系等，但计算相对比较复杂。目前最常用的为速度坐标系，但在速度坐标系下容易出现不可控点。因此，本章除了涉及地面坐标系 $O_g X_g Y_g Z_g$ 外，还定义了无人机质心运动的航迹坐标系，作为编队的参考坐标系，定义如下。

（1）原点 O_k 位于无人机质心。

（2） O_kX_k 始终与无人机的速度 V 的方向一致。

（3） O_kZ_k 在包含飞行速度 V 在内的铅垂平面内与 O_kX_k 垂直，并指向下方。

（4） O_kY_k 垂直于 $O_kX_kZ_k$ 平面并指向右方。

无人机质心相对于地面坐标系的运动由航迹倾斜角 μ 、航迹方位角 φ 以及速度 V 的滚转角 Φ 确定，如图 4-2 所示。

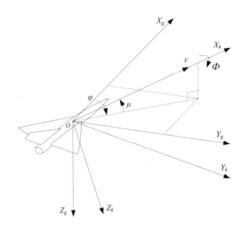

图 4-2　无人机编队运动参考坐标系

4.2.3 无人机质心运动方程

由图 4-2 以及无人机速度坐标系和地面坐标系的运动关系，可以得到航迹坐标系中无人机质心运动的动力学方程，如式（4-1）所示。具体推导过程可查阅相关文献，在此不作具体推导。

$$
\begin{aligned}
\dot{V} &= \frac{T-D}{m} - g \cdot \sin u \\
\dot{u} &= \frac{L \cdot \cos \phi - C \cdot \sin \phi}{mV} - \frac{g \cdot \cos u}{V} \\
\dot{\varphi} &= \frac{L \cdot \sin \phi + C \cdot \cos \phi}{mV \cdot \cos u}
\end{aligned}
\tag{4-1}
$$

其中部分变量如式（4-2）所示。

$$
\begin{aligned}
L &= \frac{1}{2} \rho V^2 S C_{L\alpha}(\alpha - \alpha_0) \\
D &= \frac{1}{2} \rho V^2 S (C_{D0} + K C_L^{\ 2}) \\
C &= \frac{1}{2} \rho V^2 S_w C_{Y\beta} \beta \\
C_L &= C_{L\alpha}(\alpha - \alpha_0)
\end{aligned}
\tag{4-2}
$$

由航迹坐标系与地面坐标系的关系，可先以角速度 $\dot{\varphi}$ 绕 OZ 转动，再绕当时的 OY 轴以角速度 $\dot{u}$ 转动而形成航迹坐标系，因此航迹坐标系相对于地面坐标系的角速度可以表示为式（4-3）。

$$\bar{\omega} = \dot{\varphi} + \dot{\mu} \tag{4-3}$$

通过转换矩阵，式（4-3）在航迹坐标系的投影可表示为式（4-4）。

$$\bar{\omega}_k = \begin{bmatrix} p \\ q \\ r \end{bmatrix} = \begin{bmatrix} -\dot{\varphi}\sin u \\ \dot{u} \\ \dot{\varphi}\cos u \end{bmatrix} \tag{4-4}$$

4.2.4 相对运动模型

无人机编队过程中最重要的一点就是长机与僚机之间相对距离的保持，因此，本章将长机相对僚机的距离转换到僚机的航迹坐标系中，建立它们的相对运动模型并进行研究。

图 4-3 所示为地面坐标系中长机与僚机位置向量之间的关系。

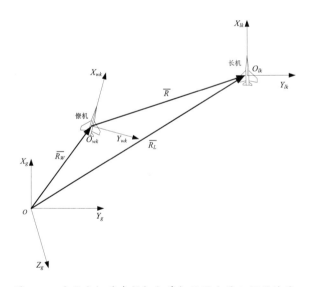

图 4-3　地面坐标系中长机与僚机位置向量之间的关系

由图 4-3 可得到式（4-5）。

$$\bar{R}_L = \bar{R}_W + \bar{R} \tag{4-5}$$

对上式进行微分，可以得到式（4-6）。

$$\frac{\mathrm{d}\bar{R}_L}{\mathrm{d}t} = \frac{\mathrm{d}\bar{R}_W}{\mathrm{d}t} + \frac{\mathrm{d}\bar{R}}{\mathrm{d}t} \tag{4-6}$$

根据动坐标系之间的关系，可知式（4-7）。

$$\frac{\mathrm{d}\bar{R}}{\mathrm{d}t} = \frac{\delta\bar{R}}{\delta t} + \bar{\omega}_w \times \bar{R} \qquad (4\text{-}7)$$

将式（4-7）代入式（4-6），可得式（4-8）。

$$\frac{\mathrm{d}\bar{R}_L}{\mathrm{d}t} = \frac{\mathrm{d}\bar{R}_W}{\mathrm{d}t} + \frac{\delta\bar{R}}{\delta t} + \bar{\omega}_w \times \bar{R} \qquad (4\text{-}8)$$

经过分析，可以知道式（4-9）、式（4-10）和式（4-11）。

$$\bar{\omega}_w = \begin{bmatrix} p_w \\ q_w \\ r_w \end{bmatrix} \qquad (4\text{-}9)$$

$$\bar{R} = \begin{bmatrix} x_d \\ y_d \\ z_d \end{bmatrix} \qquad (4\text{-}10)$$

$$\frac{\delta\bar{R}}{\delta t} = \frac{\mathrm{d}R_x}{\mathrm{d}t}i + \frac{\mathrm{d}R_y}{\mathrm{d}t}j + \frac{\mathrm{d}R_z}{\mathrm{d}t}k = \begin{bmatrix} \dot{x}_d \\ \dot{y}_d \\ \dot{z}_d \end{bmatrix} \qquad (4\text{-}11)$$

与此同时，也可以求出长机和僚机在惯性坐标系中的速度，见式（4-12）。

$$\frac{\mathrm{d}\bar{R}_L}{\mathrm{d}t} = C_{kL}^g \begin{bmatrix} V_L \\ 0 \\ 0 \end{bmatrix}$$

$$\frac{\mathrm{d}\bar{R}_w}{\mathrm{d}t} = C_{kw}^g \begin{bmatrix} V_w \\ 0 \\ 0 \end{bmatrix} \qquad (4\text{-}12)$$

其中，C_{kL}^g、C_{kw}^g分别为长机和僚机的速度坐标系到地面坐标系的方向余弦阵。

根据之前介绍的变换方法，可以得到式（4-13）。

$$C_k^g = \begin{bmatrix} \cos\mu\cos\varphi & -\sin\varphi & \sin\mu\cos\varphi \\ \cos\mu\sin\varphi & \cos\varphi & \sin\mu\sin\varphi \\ -\sin\mu & 0 & \cos\mu \end{bmatrix} \qquad (4\text{-}13)$$

将式（4-13）代入式（4-12），可以得式（4-14）。

$$\frac{\mathrm{d}\bar{\boldsymbol{R}}_L}{\mathrm{d}t} = \begin{bmatrix} V_L \cos u_L \cos \varphi_L \\ V_L \cos u_L \sin \varphi_L \\ -\sin u_L \end{bmatrix}$$

$$\frac{\mathrm{d}\bar{\boldsymbol{R}}_w}{\mathrm{d}t} = \begin{bmatrix} V_W \cos u_W \cos \varphi_W \\ V_W \cos u_W \sin \varphi_W \\ -\sin u_W \end{bmatrix} \tag{4-14}$$

综上分析，将式（4-9）、式（4-10）、式（4-11）和式（4-14）代入式（4-8），可以得到地面坐标系中速度的关系，如式（4-15）所示。

$$V_L \begin{bmatrix} \cos \mu_L \cos \varphi_L \\ \cos \mu_L \sin \varphi_L \\ -\sin \mu_L \end{bmatrix} = V_w \begin{bmatrix} \cos \mu_w \cos \varphi_w \\ \cos \mu_w \sin \varphi_w \\ -\sin \mu_w \end{bmatrix} + \boldsymbol{C}_w^L \left(\begin{bmatrix} \dot{x}_d \\ \dot{y}_d \\ \dot{z}_d \end{bmatrix} + \begin{bmatrix} p_w \\ q_w \\ r_w \end{bmatrix} \times \begin{bmatrix} x_d \\ y_d \\ z_d \end{bmatrix} \right) \tag{4-15}$$

所以有式（4-16）。

$$\begin{bmatrix} \dot{x}_d \\ \dot{y}_d \\ \dot{z}_d \end{bmatrix} = -\left(\begin{bmatrix} p_w \\ q_w \\ r_w \end{bmatrix} \times \begin{bmatrix} x_d \\ y_d \\ z_d \end{bmatrix} \right) + \boldsymbol{C}_L^w \left(V_L \begin{bmatrix} \cos \mu_L \cos \varphi_L \\ \cos \mu_L \sin \varphi_L \\ -\sin \mu_L \end{bmatrix} - V_w \begin{bmatrix} \cos \mu_w \cos \varphi_w \\ \cos \mu_w \sin \varphi_w \\ -\sin \mu_w \end{bmatrix} \right) \tag{4-16}$$

式（4-16）右侧各部分经过计算得式（4-17）、式（4-18）和式（4-19）。

$$\begin{bmatrix} p_w \\ q_w \\ r_w \end{bmatrix} \times \begin{bmatrix} x_d \\ y_d \\ z_d \end{bmatrix} = \begin{bmatrix} q_w \cdot z_d - r_w \cdot y_d \\ r_w \cdot x_d - p_w \cdot z_d \\ p_w \cdot y_d - q_w \cdot x_d \end{bmatrix} \tag{4-17}$$

$$\boldsymbol{C}_L^w V_L \begin{bmatrix} \cos \mu_L \cos \varphi_L \\ \cos \mu_L \sin \varphi_L \\ -\sin \mu_L \end{bmatrix} = \begin{bmatrix} \cos \mu_w \cos \mu_L \cos \varphi_e + \sin \mu_w \sin \mu_L \\ \cos \mu_L \sin \varphi_e \\ \sin \mu_w \cos \mu_L \cos \varphi_e - \cos \mu_w \sin \mu_L \end{bmatrix} \tag{4-18}$$

$$\boldsymbol{C}_L^w V_w \begin{bmatrix} \cos \mu_w \cos \varphi_w \\ \cos \mu_w \sin \varphi_w \\ -\sin \mu_w \end{bmatrix} = V_w \cdot \boldsymbol{C}_L^w \cdot \boldsymbol{C}_{kw}^g \begin{bmatrix} 1 \\ 0 \\ 0 \end{bmatrix} = \begin{bmatrix} V_w \\ 0 \\ 0 \end{bmatrix} \tag{4-19}$$

其中有式（4-20）。

$$\varphi_e = \varphi_L - \varphi_w \tag{4-20}$$

将式（4-17）、式（4-18）和式（4-19）代入式（4-16），得式（4-21）。

$$
\begin{bmatrix} \dot{x}_d \\ \dot{y}_d \\ \dot{z}_d \end{bmatrix} = \begin{bmatrix} r_w y_d - q_w z_d - V_w + V_L(\cos\mu_w \cos\mu_L \cos\varphi_e + \sin\mu_w \sin\mu_L) \\ p_w z_d - r_w x_d + V_L \cos\mu_L \sin\varphi_e \\ q_w x_d - p_w y_d + V_L(\sin\mu_w \cos\mu_L \cos\varphi_e - \cos\mu_w \sin\mu_L) \end{bmatrix} \tag{4-21}
$$

在式（4-21）中，p_w、q_w 和 r_w 还没有解出，因此结合式（4-1）和式（4-4），可以得到式（4-22）。

$$
p_w = -\frac{L_w \cdot \sin\phi_w + C_w \cdot \cos\phi_w}{m_w V_w \cdot \cos u_w} \cdot \sin u_w
$$
$$
q_w = \frac{L_w \cdot \cos\phi_w - C_w \cdot \sin\phi_w}{m_w V_w} - \frac{g \cdot \cos u_w}{V_w} \tag{4-22}
$$
$$
\dot{r}_w = \frac{L_w \cdot \sin\phi_w + C_w \cdot \cos\phi_w}{m_w V_w}
$$

将式（4-22）代入式（4-21），得式（4-23）。

$$
\dot{x}_d = \frac{L_w \sin\phi_w + C_w \cos\phi_w}{m_w V_w} \cdot y_d - \left(\frac{L_w \cos\phi_w - C_w \sin\phi_w}{m_w V_w} - \frac{g \cdot \cos\mu_w}{V_w}\right) \cdot z_d -
$$
$$
V_w + V_L(\cos\mu_w \cos\mu_L \cos\varphi_e + \sin\mu_w \sin\mu_L)
$$
$$
\dot{y}_d = \left(-\frac{L_w \cdot \sin\phi_w + C_w \cdot \cos\phi_w}{m_w V_w \cdot \cos u_w} \cdot \sin u_w\right) \cdot z_d - \frac{L_w \sin\phi_w + C_w \cos\phi_w}{m_w V_w} \cdot x_d + \tag{4-23}
$$
$$
V_L \cos\mu_L \sin\varphi_e
$$
$$
\dot{z}_d = \left(\frac{L_w \cos\phi_w - C_w \sin\phi_w}{m_w V_w} - \frac{g \cdot \cos\mu_w}{V_w}\right) \cdot x_d - \left(-\frac{L_w \cdot \sin\phi_w + C_w \cdot \cos\phi_w}{m_w V_w \cdot \cos u_w} \cdot \sin u_w\right) \cdot y_d +
$$
$$
V_L(\sin\mu_w \cos\mu_L \cos\varphi_e - \cos\mu_w \sin\mu_L)
$$

式（4-23）和式（4-1）构成了航迹坐标系中长机与僚机相对运动的方程组。

4.3 模型分析

由 4.2.3 小节的式（4-2）可以看出，无人机受到的升力 L、阻力 D 和侧力 C 是无人机速度 V、迎角 α、侧滑角 β 的函数，因此，结合长机与僚机的相对运动方程组，可以看出系统的主要变量如式（4-24）。

$$X = \begin{bmatrix} x_d & y_d & z_d & V_w & \mu_w & \phi_w & \varphi_w & V_L & \mu_L & \varphi_L \end{bmatrix}^{\mathrm{T}} \quad (4\text{-}24)$$

而编队中长机与僚机的控制量如式（4-25）。

$$\begin{aligned}
\boldsymbol{U}_L &= \begin{bmatrix} \alpha_L & \beta_L & T_L & \phi_L \end{bmatrix}^{\mathrm{T}} \\
\boldsymbol{U}_w &= \begin{bmatrix} \alpha_w & \beta_w & T_w & \phi_w \end{bmatrix}^{\mathrm{T}}
\end{aligned} \quad (4\text{-}25)$$

4.4 基于 PID 的无人机编队控制策略

无人机编队控制的目的就是让编队中的僚机与长机按照要求保持相对稳定的状态，因此，编队控制策略可以这样描述：在编队参考坐标系中设计编队控制器，使僚机与长机之间的距离与要求的距离之间的误差为零。

4.4.1 编队运动分析

由于各种扰动的存在，误差很难消除，因此，为了使编队僚机能与长机保持稳定的距离，本章除了考虑位置误差外，还将速度、航迹方位角、倾斜角等误差考虑进去来控制僚机。假设 x_c、y_c 和 z_c 为无人机编队中僚机与长机按要求应该保持的距离，则误差向量可以表示为式（4-26）。

$$\boldsymbol{E} = \begin{bmatrix} e_x \\ e_y \\ e_z \\ e_v \\ e_\mu \\ e_\varphi \\ e_\phi \end{bmatrix} = \begin{bmatrix} x_d - x_c \\ y_d - y_c \\ z_d - z_c \\ V_L - V_W \\ \mu_L - \mu_W \\ \varphi_L - \varphi_W \\ \phi_L - \phi_W \end{bmatrix} \quad (4\text{-}26)$$

编队控制的最终目标是使误差 e_x、e_y 和 e_z 为零。由于在无人机飞行过程中一般很少出现侧滑飞行的情况，即使有，侧滑角也很小，因此为简化计算，这里假设在编队飞行中无人机无侧滑飞行，即侧滑角为零，所以编队的控制变量为式（4-27）。

$$\boldsymbol{U}_c = \begin{bmatrix} \alpha & T & \phi \end{bmatrix}^{\mathrm{T}} \quad (4\text{-}27)$$

其中，α 为无人机的迎角，T 为发动机推力，Φ 为无人机滚转角。

在编队飞行中，由长机带领整个编队向目标点飞行，不负责编队队形的保持，由僚机的编队控制器根据编队要求来保持队形，因此可以画出编队飞行控制结构框图，如图 4-4 所示。

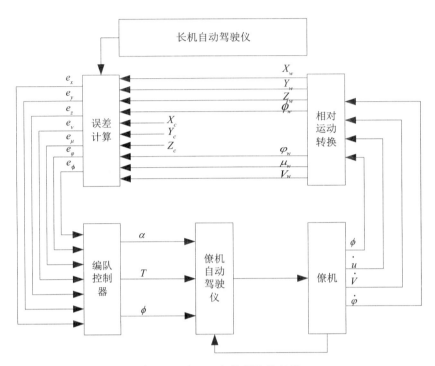

图 4-4　编队飞行控制结构框图

由图 4-4 可以看出，在编队飞行控制结构中，首先把僚机的飞行状态输出，经过相对运动坐标系的转换，转换到编队参考坐标系（即僚机的航迹坐标）中；再与长机的飞行状态以及编队所要求的距离相结合，求出长机与僚机的飞行状态误差，输送到僚机的编队控制器；然后编队控制器利用状态误差求出僚机要形成编队所需的飞机迎角、推力和滚转角，再输送给僚机的自动驾驶仪；最后由僚机的自动驾驶仪调整发动机转速以及各舵面的舵偏角来实现具体动作的执行，其中由长机的自动驾驶仪负责带领整个编队向目标点飞行。

由此可得，无人机编队控制系统从系统结构上主要分为两大模块，即长机模块和僚机模块；从功能实现上，主要分为自动驾驶仪和编队控制器两个模块。需要注意的是，编队中的所有无人机，包括长机和僚机，都拥有编队控制器和自动驾驶仪。在编队飞行中，因为各自的任务角色不同，长机模块主要体现为长机的自动驾驶仪，而长机的编队控制器处于"空闲"状态，只有当角色转变（长机变成僚机）时才发生作用。僚机模块主要体现为僚机的编队控制器，僚机的自动驾驶仪主要负责具体动作的控制执行，也只有当角色转变（僚机变成长机）时才负责带领整个编队向目标点飞行。

下面分别针对自动驾驶仪和编队控制器的设计实现进行阐述。

4.4.2 自动驾驶仪

自动驾驶仪是无人机进行编队飞行的基础。在长机上，自动驾驶仪的主要作用是使无人机按照要求跟踪预定的航路点，以及保持相应的姿态，带领整个编队向目标点飞行；在僚机上，自动驾驶仪主要负责具体动作的控制执行。因此，自动驾驶仪兼具航迹跟踪和各种具体动作的执行功能。

目前关于具有航迹跟踪功能的自动驾驶仪的设计与实现已经有大量的文献，具体控制系统的设计和实现与无人机的类型密切相关，已成为无人机系统研究中的另一个复杂内容。由于本章假定进行编队的无人机是具有内稳定回路或者是具有一些状态量稳定系统的飞机，即具有速度稳定自动驾驶仪、高度稳定自动驾驶仪和航向稳定自动驾驶仪等的性能良好的飞机，因此这里不再展开讲解具体控制系统的设计与实现，只是针对本章需要，为编队无人机设计一种自动驾驶仪，下面给出结构框图，如图 4-5 所示。

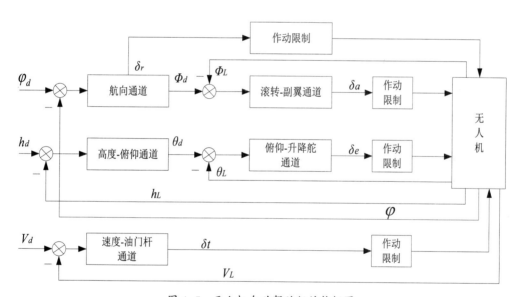

图 4-5　无人机自动驾驶仪结构框图

无人机自动驾驶仪由五个通道子控制器组成，它们控制着无人机的滚转、高度、速度，使无人机能很好地跟踪航迹。五个通道分别为：航向、速度 - 油门杆、高度 - 俯仰、俯仰 - 升降舵和滚转 - 副翼通道。

航向通道控制器是单输入、多输出的结构。输入是导航系统送来的航向和无人机的航向信号之间的误差，输出是滚转角和方向舵的控制命令。

速度 - 油门杆通道是单输入、单输出结构。输入是参考控制速度命令和实际的无人机飞行速度之间的偏差。输出是油门杆指令。

高度 - 俯仰通道是单输入、单输出结构。输入是由导航控制器传送的参考轨迹高度和实际的高度之间的偏差，输出是俯仰角控制信号。

俯仰 - 升降舵通道是单输入、单输出结构。输入是由高度控制器传送的滚转角控制命令和实际的无人机俯仰角之间的偏差，输出是升降舵的控制信号。

滚转 - 副翼通道是单输入、单输出的结构。输入是由航向控制器传送的滚转角控制命令和实际的无人机滚转角之间的偏差，输出是副翼的控制信号。

对于每部分的具体实现这里不再赘述。

4.4.3 编队控制器

编队控制器是无人机进行编队飞行的关键。在编队中，僚机的编队控制器利用各种误差信号来实现僚机与长机位置的保持，而长机的编队控制器处于"空闲"状态，只有当角色转变时才发生作用。下面介绍几种常见的编队控制器的设计方法。

根据所建模型的不同，所采用的控制方法也不同。对于经过线性化等简化处理的编队模型来说，比较有代表性的有 PID 控制和最优控制等。

事实上，线性化只适用于无人机编队的最简化模型或某种特殊情况，对于大多数情况只能采用非线性模型。针对无人机编队运动的非线性模型也发展了许多控制方法来实现编队的形成和保持，如 PID 算法设计控制器、Slide Model 控制算法。另外，还有基于视觉的编队控制算法以及其他算法。

但是，目前几乎所有进行编队飞行实体试验的控制器均采用 PID 设计，这是因为其他算法在工程上实现起来相对比较困难。而 PID 控制是最早发展起来的控制策略之一，由于其算法简单、鲁棒性强、工程实现方便以及可靠性高等特点，尤其适用于可建立精确数学模型的确定性控制系统，被广泛应用于过程控制和运动控制。因此，考虑到工程应用性，本章根据 PID 控制的设计原理以及其在编队控制器设计中的应用，结合之前所建立的编队相对运动模型，设计了针对本章所研究的某无人机的编队控制器。

分析式（4-26）和式（4-27）的误差向量以及控制变量，可以对僚机的控制变量给出控制率，如式（4-28）。

$$
\begin{aligned}
\Delta\alpha_w &= K_{ZP}e_Z + K_{ZI}\int e_Z + K_{\mu P}e_\mu + K_{\mu I}\int e_\mu \\
\Delta T_w &= K_{XP}e_X + K_{XI}\int e_X + K_{VP}e_V + K_{VI}\int e_V \\
\Delta\phi_w &= K_{YP}e_Y + K_{YI}\int e_Y + K_{\phi P}e_\phi + K_{\phi I}\int e_\phi
\end{aligned}
\tag{4-28}
$$

结合图 4-4 的编队飞行控制结构框图，借鉴模块化设计思想，将无人机的主要参数设计为一个单独的模块，以便于调整，无人机编队飞行 Simulink 仿真结构如图 4-6 所示。

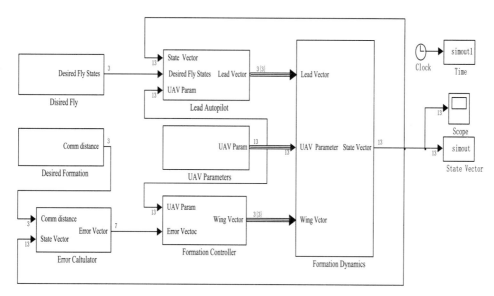

图 4-6　无人机编队 Simulink 仿真结构

下面给出主要模块的内部结构。

编队命令模块内部结构如图 4-7 所示。

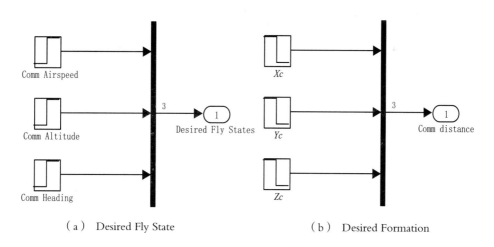

（a）Desired Fly State　　　　　（b）Desired Formation

图 4-7　编队命令模块内部结构

误差计算模块内部结构如图 4-8 所示。

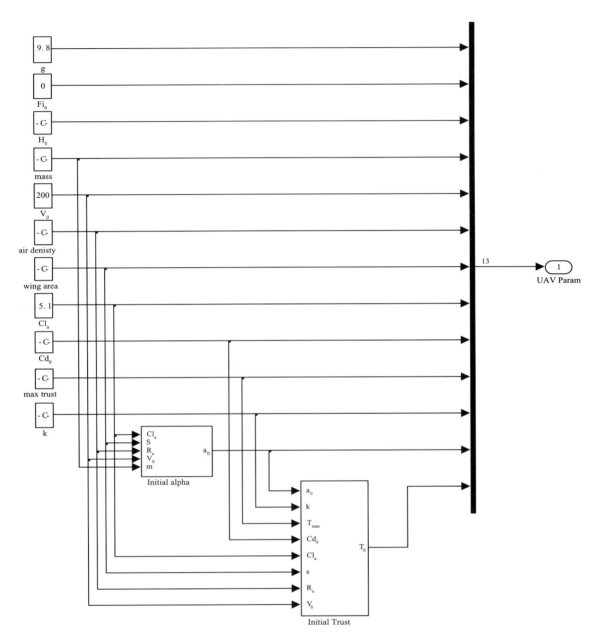

图 4-8　误差计算模块内部结构

无人机参数模块内部结构如图 4-9 所示。

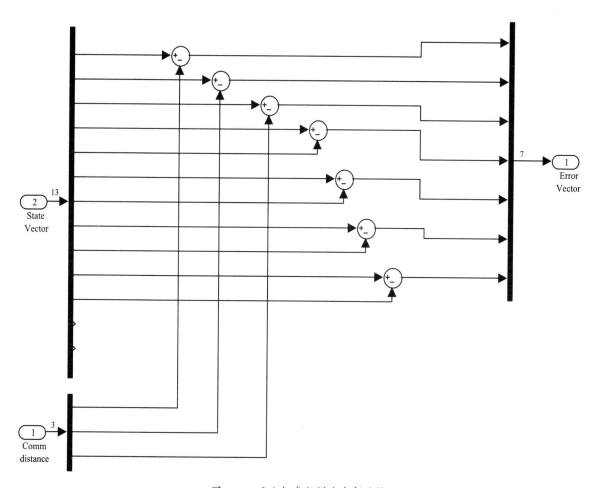

图 4-9　无人机参数模块内部结构

编队控制模块内部结构如图 4-10（a）所示，其中 Control Law 模块内部结构如图 4-10（b）所示，Wing UAV Limits 模块内部结构如图 4-10（c）所示。

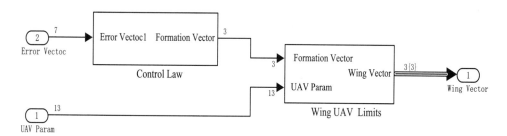

（a）　Formation Controller 模块

图 4-10　编队控制模块

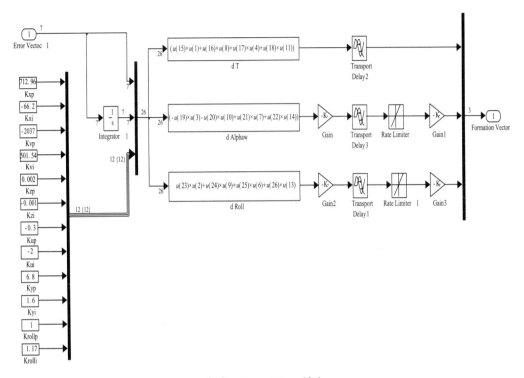

（b） Control Law 模块

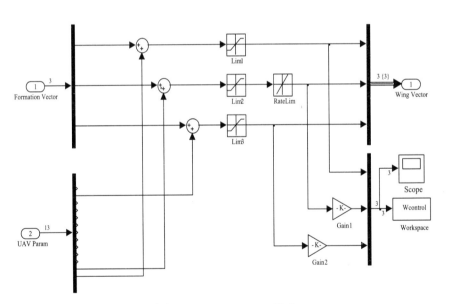

（c） Wing UAV Limits 模块

图 4-10　编队控制模块（续）

编队动力学模块内部结构如图 4-11（a）所示，其中 Wing Aerodynamic Calculate 模块内部结构如图 4-11（b）所示，L-W Position 模块内部结构如图 4-11（c）所示，UAV Angle 模块内部结构如

图 4-11（d）所示。

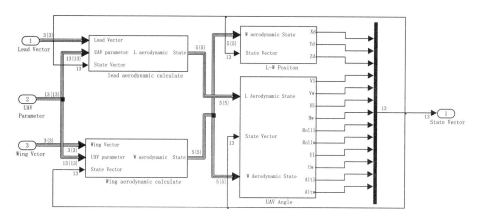

（a） Formation Dynamics 模块

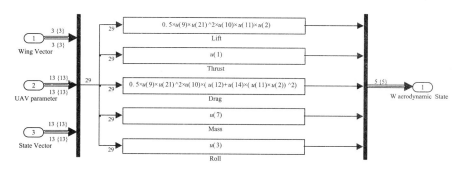

（b） Wing Aerodynamic Calculate 模块

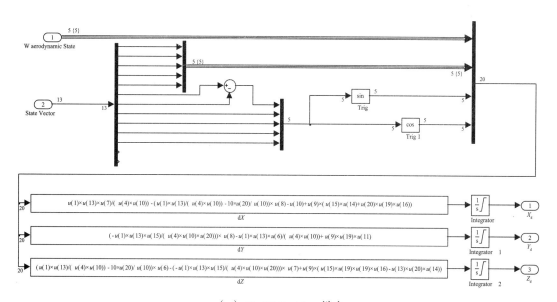

（c） L—W Position 模块

图 4-11　编队动力学模块

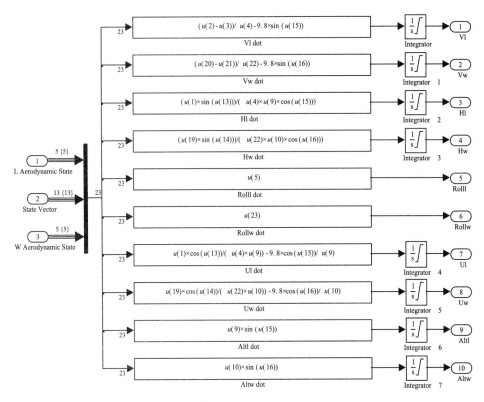

（d） UAV Angle 模块

图 4-11　编队动力学模块（续）

4.5　仿真实验

本节以典型的两机编队机动为例，来验证编队控制策略的有效性。假设无人机编队初始飞行状态为 $h_0 = 5000\text{m}$，水平匀速飞行，$V_0 = 200\text{m/s}$。两架无人机初始相对距离为 $X_d = 20\text{m}$，$Y_d = 20\text{m}$，$Z_d = 10\text{m}$，编队要求为：$X_c = 10\text{m}$，$Y_c = 10\text{m}$，$Z_c = 0\text{m}$，航向不变，速度不变，如图 4-12 所示。

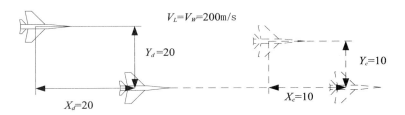

图 4-12　编队形成示意图

仿真结果如图 4-13 和图 4-14 所示。图 4-13 为两架无人机之间相对距离的变化曲线，图 4-14 为僚机编队控制器控制量的变化曲线。

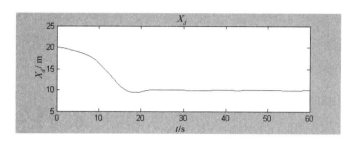

（a） X 轴距离变化

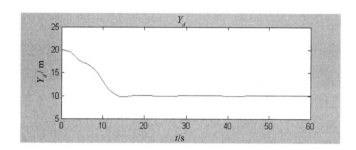

（b） Y 轴距离变化

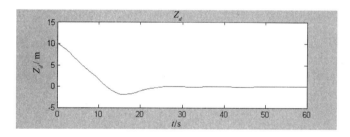

（c） Z 轴距离变化

图 4-13　两架无人机之间的相对距离变化图

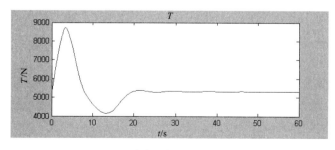

（a） 推力变化

图 4-14　僚机编队控制器控制量变化图

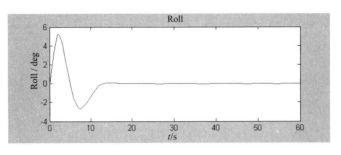

（b） 滚转角变化

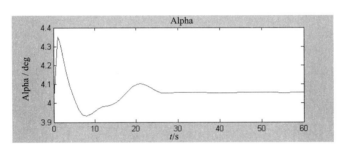

（c） 迎角变化

图 4-14　僚机编队控制器控制量变化图（续）

4.6　本章小结

　　编队控制是指多架无人机在完成任务的过程中保持某种既定有利队形，同时又要适应环境约束的控制技术。本章首先对无人机编队运动建模的关键进行了阐述，然后在基本假设的基础上，以僚机航迹坐标系为参考坐标系，建立了长机与僚机的相对运动方程，为编队飞行的控制研究建立了基础。重点讨论了基于 PID 的无人机编队控制策略，为编队无人机设计了一种自动驾驶仪，并在编队相对运动模型的基础上，以僚机的推力、迎角和滚转角为控制量，设计了基于 PID 的控制器，并通过仿真实验验证了设计的合理性和有效性。

第 5 章
基于滑模控制的无人机编队运动控制策略

编队飞行的关键是，在未知干扰下能够成功地进行路径跟踪和保持稳定的编队。为了保证稳定的编队和合适的路径，系统必须具有稳定性，而且控制方法必须具有可行性。

在编队控制方面，很多学者作了大量的研究，主要采用的方法有 PID 控制、LQR 反馈控制，以及滑模控制等。滑模控制是一种具有抗干扰、稳定性等特点的控制方法，但其缺点是对高频转换信号的控制不佳。部分学者提到了采用高阶滑模控制方法进行编队控制，其优点在于能够实现稳定、连续的控制，在二维空间上能够准确地控制无人机，实现路径跟踪和编队，并且还能够抗干扰，具有稳定性、连续性等特点。

本章对此方法的运动模型和控制方法进行改进，将适用范围从二维空间延伸到三维空间，并通过仿真实验对算法进行验证。整体思路为：在惯性坐标系和运动坐标系中建立无人机运动模型，设计高阶滑模控制策略及干扰信号，最后进行仿真实验。

5.1 编队数学模型

长机的数学模型是在惯性坐标系中建立的，跟随的僚机数学模型是在以长机为原点的速度坐标系中建立的，具体如下。

1. 惯性坐标系

惯性坐标系是参考坐标系，是用来描述长机几何运动的固定坐标系，如图 5-1 所示。

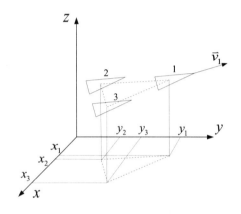

图 5-1 惯性坐标系

2. 长机模型

在惯性坐标系中，长机的运动模型可以定义为式（5-1）。

$$
\begin{cases}
\dot{x}_1 = v_{1x} \\
\dot{v}_{1x} = f_{1x}(t) + u_{1x} \\
\dot{y}_1 = v_{1y} \\
\dot{v}_{1y} = f_{1y}(t) + u_{1y} \\
\dot{z}_1 = v_{1z} \\
\dot{v}_{1z} = f_{1z}(t) + u_{1z}
\end{cases}
\tag{5-1}
$$

其中，$f_{1x}(t)$、$f_{1y}(t)$ 和 $f_{1z}(t)$ 表示三个坐标轴上的未知干扰，v_{1x}、v_{1y} 和 v_{1z} 表示长机在三个坐标轴上的投影速度，u_{1x}、u_{1y} 和 u_{1z} 表示长机在三个坐标轴上的控制量。

3. 速度坐标系

速度坐标系是移动坐标系，是用来对僚机进行几何描述的，长机的位置定义为速度坐标系的原点，长机的速度在速度坐标系中的描述如图 5-2 所示。其中，x_{1vf}、y_{1vf} 和 z_{1vf} 表示以长机为原点的速度坐标系的三个坐标轴。

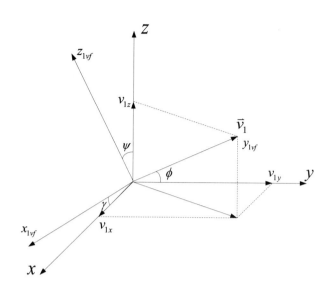

图 5-2 速度坐标系

因此，长机在速度坐标系中的各个分量可以表示为式（5-2）。

$$\begin{cases} x_{1x1vf} = 0 \\ y_{1x1vf} = 0 \\ z_{1x1vf} = 0 \\ v_{1y1vf} = \sqrt{v_{1x}^2 + v_{1y}^2 + v_{1z}^2} \\ v_{1x1vf} = 0 \\ z_{1z1vf} = 0 \end{cases} \tag{5-2}$$

式（5-3）为速度坐标系与惯性坐标系的夹角。

$$\begin{cases} \gamma = \arctan \dfrac{\vec{v}_{1x}}{\vec{v}_{1y}} \\ \phi = \arccos \dfrac{\vec{v}_{1y}}{\vec{v}_1} \\ \psi = \arcsin \dfrac{\vec{v}_{1z}}{\vec{v}_1} \end{cases} \tag{5-3}$$

4. 僚机模型

在速度坐标系中，僚机的运动学模型为式（5-4）。

$$\begin{cases} \dot{x}_{ix1vf} = v_{ix1vf} \\ \dot{v}_{ix1vf} = f_{ix1vf}(t) + u_{ix1vf} \\ \dot{y}_{iy1vf} = v_{iy1vf} \\ \dot{v}_{iyivf} = f_{iy1vf}(t) + u_{iy1vf} \\ \dot{z}_{iz1vf} = v_{iz1vf} \\ \dot{v}_{iz1vf} = f_{iz1vf}(t) + u_{iz1vf} \end{cases} \tag{5-4}$$

其中 i 表示第 i 号无人机，与长机模型的原理一样，不同的是，长机是在惯性坐标系中建立的模型，僚机是在相对长机的速度坐标系中建立的模型。v_{ix1vf}、v_{iy1vf} 和 v_{iz1vf} 分别表示僚机相对速度坐标系中三个坐标轴的速度，$f_{ix1vf}(t)$、$f_{iy1vf}(t)$ 和 $f_{iz1vf}(t)$ 分别表示沿速度坐标系三轴方向上的未知干扰，u_{ix1vf}、u_{iy1vf} 和 u_{iz1vf} 分别表示沿速度坐标系三轴方向上的控制量。

5.2 控制策略与设计

控制策略如图 5-3 所示。

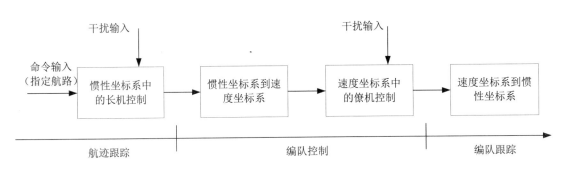

图 5-3　控制策略

（1）航迹跟踪，即通过控制长机的加速度，使长机能够精确地跟踪指定航迹，再以长机的运动建立速度坐标系。

（2）编队控制，即在速度坐标系中控制僚机，使其保持期望队形，并且在面对未知干扰的时，能够使每架无人机之间保持安全距离。

（3）编队跟踪，即将速度坐标系中的编队行为转化到惯性坐标系中，从而得到一个稳定的编队，并按照指定航路飞行。

为了更好地说明控制策略，下面先以三架无人机的三角形编队为例，来说明它们的编队策略。

航迹跟随策略运用于长机（即 1 号无人机），定位策略运用于它的第一个跟随者（2 号无人机），此时 2 号机没有直接相邻的无人机，避障策略运用于下一个跟随者（3 号无人机），此时 2 号无人机与 3 号无人机直接相邻。

长机收到关于航迹跟踪的位置信息，即从连续航迹中收到相同时间间隔的离散航迹坐标点，而僚机则收到与长机和其他僚机的相对保持距离信息。比如，一个等边三角形编队，其中每架无人机的期望保持距离为 d；对于 2 号无人机的指令为，在速度坐标系中，与长机在 y_{1vf} 坐标轴的期望距离为 $d\sqrt{3}/2$，在 x_{1vf} 轴的期望距离为 $d/2$，在 z_{1vf} 轴的期望距离为零；对于 3 号机，则是期望在 x_{1vf} 轴与长机的期望距离为 $d/2$，与 2 号机的期望距离为 d，如图 5-4 所示。

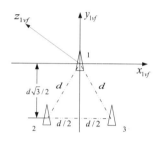

图 5-4　等边三角形编队

5.2.1 路径跟踪

假设跟随的路径由单位时间间隔确定的离散节点给定，关于路径生成的内容之前已经进行了介绍，所以这里只需离散采点，如图 5-5 所示。

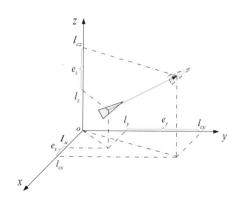

图 5-5　路径跟踪

则长机在某时刻的期望位置可由式（5-5）给出。

$$l_c(t) = \begin{bmatrix} l_{cx}(t) \\ l_{cy}(t) \\ l_{cz}(t) \end{bmatrix} \tag{5-5}$$

期望位置与实际位置的偏差信号为式（5-6）。

$$e = l_c - l = \begin{bmatrix} l_{cx}(t) - l_x(t) \\ l_{cy}(t) - l_y(t) \\ l_{cz}(t) - l_z(t) \end{bmatrix} = \begin{bmatrix} e_x \\ e_y \\ e_z \end{bmatrix} \tag{5-6}$$

路径跟踪的要求是，在有限的时间内将偏差控制到零，而控制量 u 可由式（5-7）得出。

$$e = \begin{bmatrix} l_{cx}(t) - l_x(t) \\ l_{cy}(t) - l_y(t) \\ l_{cz}(t) - l_z(t) \end{bmatrix}$$
$$\dot{e} = \begin{bmatrix} \dot{l}_{cx}(t) - v_{1x}(t) \\ \dot{l}_{cy}(t) - v_{1y}(t) \\ \dot{l}_{cz}(t) - v_{1z}(t) \end{bmatrix} \tag{5-7}$$
$$\ddot{e} = \begin{bmatrix} \ddot{l}_{cx}(t) - f_{1x}(t) - u_{1x} \\ \ddot{l}_{cy}(t) - f_{1y}(t) - u_{1y} \\ \ddot{l}_{cz}(t) - f_{1z}(t) - u_{1z} \end{bmatrix}$$

运用滑模相关渐近的方法，可以得到相应的滑模变量 σ，如式（5-8）所示。

$$\sigma = \dot{e} + ce \tag{5-8}$$

其中，$\boldsymbol{\sigma} = [\sigma_x \quad \sigma_y \quad \sigma_z]^T$，为滑模变量向量，$c$ 为加权系数，并且 $c = [c1 \quad c2 \quad c3]$，$c_i > 0$，$i = 1, 2,$ 3。从中可以看出，如果滑模变量 σ 在有限的时间内趋于零，则由一阶微分方程式（5-8）可以得出，跟踪误差 e 也将在有限的时间内趋于零。

由于控制量包含在滑模变量中，对滑模变量进行变换推导可得式（5-9）。

$$\sigma = \dot{e} + ce$$
$$\dot{\sigma} = \ddot{e} + c\dot{e}$$
$$\dot{\sigma} = -u + (\ddot{l}_c - f(t) + c\dot{l}_c - cv) \tag{5-9}$$
$$\dot{\sigma} = -u + \varphi$$

其中，φ 是一个有界函数，$|\varphi| \leq L$，可以看作是由干扰信号和模型的不确定性组成的未知干扰。

控制量 u 的要求是在存在干扰的情况下，在有限的时间内将滑模变量 σ 控制到零。根据超扭曲算法，其控制率如式（5-10）所示。

$$
\begin{aligned}
u_x &= \alpha_x \left| \sigma_x \right|^{1/2} sign(\sigma_x) + \beta_x \int sign(\sigma_x) \cdot d\tau \\
u_y &= \alpha_y \left| \sigma_y \right|^{1/2} sign(\sigma_y) + \beta_y \int sign(\sigma_y) \cdot d\tau \\
u_z &= \alpha_z \left| \sigma_z \right|^{1/2} sign(\sigma_z) + \beta_z \int sign(\sigma_z) \cdot d\tau
\end{aligned}
\tag{5-10}
$$

其中，$\alpha > 0.5\sqrt{L}$，$\beta > 4L$。

5.2.2 编队控制

编队控制中控制率的设计方法与路径跟踪的方法原理相同，都是建立在位置偏差的基础上的。僚机通过编队策略接收到不同的位置信息，从而达到编队的目的。假设每架无人机之间保持的距离都为 d，则根据定位策略，2 号无人机在速度坐标系中的位置偏差如式（5-11）。

$$
\begin{cases}
e_{2x1vf} = -d/2 - x_{2x1vf} \\
e_{2y1vf} = -d\sqrt{3}/2 - y_{2y1vf} \\
e_{2z1vf} = 0
\end{cases}
\tag{5-11}
$$

其中，x_{2x1vf} 与 y_{2y1vf} 分别表示 2 号无人机在速度坐标系 x_{1vf} 轴与 y_{1vf} 轴上的实时位置分量。根据避障策略，3 号无人机在速度坐标系的位置偏差定义为式（5-12）。

$$
\begin{cases}
e_{3x1vf} = x_{2x1vf} + d - x_{3x1vf} \\
e_{3y1vf} = -d\sqrt{3}/2 - y_{3y1vf} \\
e_{3z1vf} = 0
\end{cases}
\tag{5-12}
$$

其中，x_{3x1vf} 与 y_{3y1vf} 分别表示 3 号无人机在速度坐标系 x_{1vf} 轴与 y_{1vf} 轴上的实时位置分量。

之后，采用与路径跟踪相同的方法设计控制率，就可以实现编队控制了。

5.2.3 编队跟踪

一旦编队在速度坐标系中确定并保持稳定，就可以利用几何三角变换将每架无人机在速度坐标系中的实时位置转换到惯性坐标系中。由于不考虑整个队形的滚转，所以速度坐标系的 x_{1vf} 坐标轴在惯性坐标系的 (x, y) 平面内，这样只需两次绕轴旋转即可从速度坐标系转换到惯性坐标系，如图 5-6 所示。

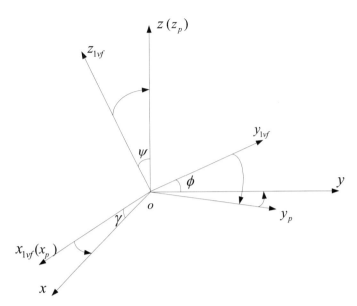

图 5-6　坐标转换

转换关系为：$ox_{1vf}y_{1vf}z_{1vf} \xrightarrow[\psi]{\text{绕}ox_{1vf}} ox_py_pz_p \xrightarrow[\gamma]{\text{绕}oz_p} oxyz$，得到式（5-13）。

$$\begin{bmatrix} x \\ y \\ z \end{bmatrix} = \begin{bmatrix} \cos\gamma & \sin\gamma & 0 \\ -\sin\gamma & \cos\gamma & 0 \\ 0 & 0 & 1 \end{bmatrix} \begin{bmatrix} 1 & 0 & 0 \\ 0 & \cos\psi & -\sin\psi \\ 0 & \sin\psi & \cos\psi \end{bmatrix} \begin{bmatrix} x_{1vf} \\ y_{1vf} \\ z_{1vf} \end{bmatrix} \qquad (5\text{-}13)$$

令

$$Q = \begin{bmatrix} \cos\gamma & \sin\gamma & 0 \\ -\sin\gamma & \cos\gamma & 0 \\ 0 & 0 & 1 \end{bmatrix} \begin{bmatrix} 1 & 0 & 0 \\ 0 & \cos\psi & -\sin\psi \\ 0 & \sin\psi & \cos\psi \end{bmatrix} = \begin{bmatrix} \cos\gamma & \sin\gamma\cos\psi & -\sin\gamma\sin\psi \\ -\sin\gamma & \cos\gamma\cos\psi & -\cos\gamma\sin\psi \\ 0 & \sin\psi & \cos\psi \end{bmatrix}$$

则无人机 2 和无人机 3 在惯性坐标系中的坐标为式（5-14）和式（5-15）。

$$\begin{bmatrix} x_2 \\ y_2 \\ z_2 \end{bmatrix} = \begin{bmatrix} x_1 \\ y_1 \\ z_1 \end{bmatrix} + Q \cdot \begin{bmatrix} x_{2x1vf} \\ y_{2y1vf} \\ z_{2z1vf} \end{bmatrix} \qquad (5\text{-}14)$$

$$\begin{bmatrix} x_3 \\ y_3 \\ z_3 \end{bmatrix} = \begin{bmatrix} x_1 \\ y_1 \\ z_1 \end{bmatrix} + Q \cdot \begin{bmatrix} x_{3x1vf} \\ y_{3y1vf} \\ z_{3z1vf} \end{bmatrix} \qquad (5\text{-}15)$$

5.2.4 编队策略的扩展与改进

前面的推导是在以三角形编队为研究对象的基础上进行的，但其方法可以运用到多机多种队形的编队中，如图 5-7 所示。

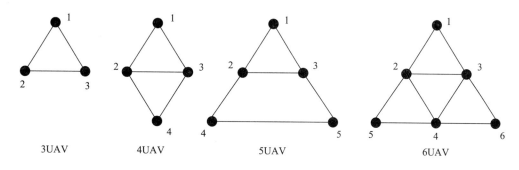

3UAV   4UAV   5UAV   6UAV

图 5-7　无人机的一般飞行编队

如 4 机编队，1 号机采用路径跟踪策略完成路径跟随；2 号机以 1 号机为长机采用定位策略；3 号机采用避障策略，2 号机是其直接相邻者，并且 3 号机必须以 1 号和 2 号机来定位，从而达到避障的目的；对于 4 号机则采用定位策略，由于它没有直接相邻者，所以将以 2 号机或 3 号机为长机进行定位，从而实现编队效果。

5.3　仿真验证

本节主要进行稳定性验证和仿真应用分析。

1. 稳定性验证

仿真在 MATLAB 下进行，生成三机的初始三维坐标为 $P_{01} = \{4 \quad 2 \quad 4\}$，$P_{02} = \{3 \quad 1 \quad 4\}$，$P_{03} = \{6 \quad 1 \quad 4\}$，初始速度为 $V_{01} = \{0.03 \quad 0.04 \quad 0\}$，$V_{02} = \{0 \quad 0.05 \quad 0\}$，$V_{03} = \{0.05 \quad 0 \quad 0\}$，在三轴上的随机干扰为式（5-16）和图 5-8。

$$
\begin{aligned}
f_x(t) &= 0.0002 \times \sin(10t) \\
f_y(t) &= 0.0001 \times \cos(10t) \\
f_z(t) &= 0.0001 \times \cos(10t)
\end{aligned}
\tag{5-16}
$$

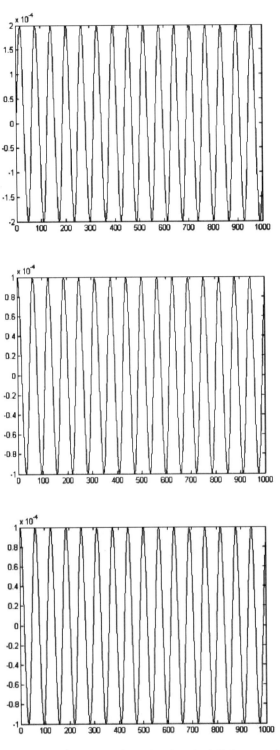

图 5-8　作用在 1 号无人机上的三轴干扰（单位：Hz/s）

定义预定航线为一螺旋线，其方程为式（5-17）。

$$x = 5 + \sin(t \times 0.01)$$
$$y = 3 + t \times 0.01$$
$$z = 4 + \cos(t \times 0.01)$$

（5-17）

其航线如图 5-9 所示。

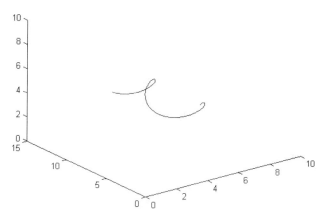

图 5-9　预定航线（单位：m）

采用高阶滑模控制进行编队仿真，仿真结果如图 5-10 至图 5-13 所示。图 5-10 为干扰情况下惯性坐标系中的长机跟踪路径偏差，图 5-11 为干扰情况下惯性坐标系中 2 号机跟随长机的偏差，图 5-12 为干扰情况下惯性坐标系中 3 号机跟随长机的偏差，图 5-13 为编队跟随路径仿真结果。

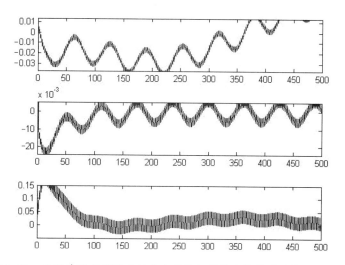

图 5-10　干扰情况下惯性坐标系中的长机跟踪路径偏差（单位：m/s）

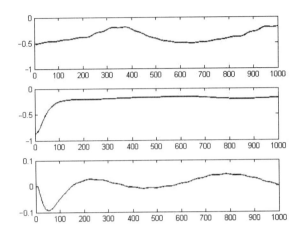

图 5-11　干扰情况下惯性坐标系中 2 号机跟随长机的偏差（单位：m/s）

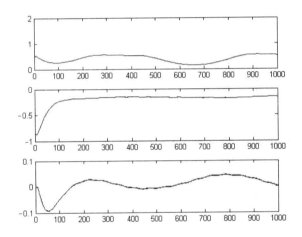

图 5-12　干扰情况下惯性坐标系中 3 号机跟随长机的偏差（单位：m/s）

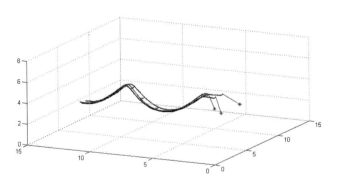

图 5-13　编队跟随路径仿真结果（单位：m）

2. 仿真应用

将遗传算法的航迹作为长机的跟随路径，仿真结果如图 5-14 至图 5-16 所示。

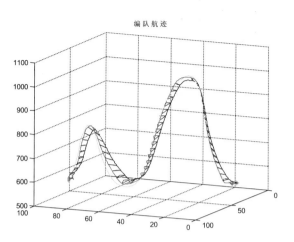

图 5-14 三机编队航迹（单位：m）

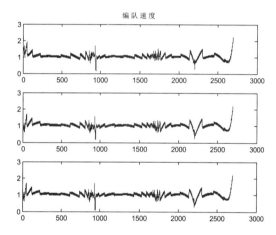

图 5-15 三架飞行器的速度变化（单位：m/s^2）

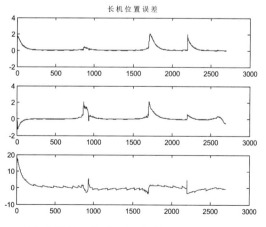

图 5-16 长机在惯性坐标系三轴上的位置误差（单位：m/s）

5.4 本章小结

　　本章主要研究的是无人机编队控制方法，其中重点对两种控制方法进行了研究，最终确定高阶滑模控制的跟随领航者法为本章适用方法，并通过仿真实验验证了算法的可靠性和稳定性。

第 6 章
基于预测控制的无人机编队运动控制策略

    无人机编队行为可以分解为三个子行为：向目标点运动、保持队形和避障。在不同的任务要求和环境中，编队的形状和维持队形的严格程度是不同的。队形控制就是指多个无人机在飞行的过程中既要保持某种队形，同时又要适应环境约束（如能够避开障碍物）的控制技术。研究较多的队形有横队形、纵队形、菱形和楔形，这主要是从军事需要的角度考虑的。

    在集中控制模式中，编队队形保持需要跟随无人机实时快速解算最优的航路点及响应编队控制指令。本章对两架无人机编队队形控制进行研究，编队控制结构采用集中式控制（即领航跟随法），以领航长机为参考点，采用模型预测控制设计队形保持控制器，通过控制跟随无人机实现编队队形控制。

6.1　编队队形调节机制

在编队中为了保证队形的完整，必须要有一个队形的调节机制。即在编队过程中，必须要有一个参考点，不同无人机位于参考点不同的相对位置，从而形成一定的队形。队形保持控制一般可以分为两步完成：首先是一个感性的处理，称为探测队形位置，根据当前环境信息确定无人机在队形中的正确位置；然后根据一定的控制策略生成控制指令，驱动无人机保持一定的队形飞向目标位置。

每架无人机根据其他无人机的位置来确定自己在队形中的正确位置，参考点的选择方式有三种，如图 6-1 所示。

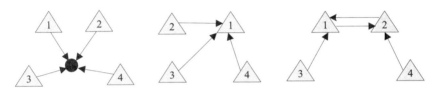

图 6-1　参考点选择

（1）以队形的几何中心为参考点：平均编队中所有无人机的 x、y 和 z 坐标，得到队形中心坐标，每架无人机根据自身和该中心的相对位置确定自己的位置。

（2）以领航无人机为参考点：在编队中选取一架无人机作为领航员，每架无人机根据它的位置来确定自己在队形中的位置。领航无人机不负责队形保持，由跟随无人机负责保持。

（3）以邻居位置为参考点：每架无人机根据一架已经确定位置的相邻无人机来确定自己的位置。

预测控制方法的优点是具有较强的理论基础，能保证对信息的充分利用，通过在线滚动优化并结合实时信息的反馈校正，使每一时刻的优化均建立在实际过程的基础上，同时在线处理约束（控制约束和状态约束）的能力较强；缺点是对于分布式的模型预测控制方法来说稳定性很难保证，而且计算量较大，在实时计算及分布实现等方面还有待进一步的研究。

队形保持涉及的最基本的问题有两方面：一是队形保持中的决策问题，即根据整个编队的内外部条件决定如何进行队形保持；二是队形保持中的控制器设计，其中包括紧密队形（Close Formation）保持控制和稀疏队形（Large Formation）保持控制。

6.2 模型预测控制

20 世纪 60 年代初期形成的现代控制理论在航天、航空等领域取得了辉煌的成果。利用状态空间法分析和设计系统，提高了人们对被控对象的洞察能力，也提供了设计控制系统的手段，对控制理论和控制工程的发展起到了积极的推动作用。特别是立足于最优性能指标的设计理论和方法已趋成熟，这对于工业过程中追求更高控制品质和经济效益的控制工程师来说，无疑具有极大的吸引力。然而人们很快就发现，在完美的理论与控制实践之间还存在着巨大的鸿沟。随着科学技术和生产力的迅速发展，对复杂系统和具有不确定性的系统实现自动控制的要求不断提高，使得现代控制理论的局限性日益明显。

现代控制理论在实际使用过程中存在以下不足。

（1）现代控制理论的基础是被控对象精确的数学模型，而在工业过程中所涉及的对象往往是多输入、多输出的高维复杂系统，其数学模型很难精确建立。即使建立了模型，从工程实用的角度出发也往往需要简化，从而很难保证得到对象精确的模型。

（2）工业对象的结构、参数和环境都具有很大的不确定性。在实际运行时，由于各种原因，系统的参数会发生变化，而且生产环境的改变和外来的干扰会给系统带来很大的不确定性，这使得按理想模型得到的最优控制失去了最优性并使控制质量严重降低。在工业环境中，人们更关注的是控制系统在不确定性影响下保持良好性能的能力，即所谓的鲁棒性，而不能只是追求理想的最优性。

6.2.1 模型预测控制的发展

为了克服理论与应用之间的不协调，除了加强对系统辨识、模型简化、自适应控制、鲁棒控制等的研究外，人们开始打破传统方法的约束，试图针对工业过程的特点，寻找各种对模型要求低、控制综合质量好、在线计算方便的优化控制新算法。预测控制就是在这种情况下发展起来的一类新型计算机控制算法。

20 世纪 70 年代以来，随着数字计算机技术的飞速发展，产生于工业过程控制领域的新型计算机控制算法——预测控制，成为先进过程控制的典型代表，对复杂工业过程的优化控制产生了深刻影响，在炼油、化工等行业的数千个复杂装置中的成功应用以及由此取得的巨大经济利益，使之成为工业过程控制领域最受青睐的先进控制算法。不仅如此，由于预测控制算法具有不确定环境下进行优化控制的共性机理，因此其应用跨越了工业过程，延伸到了航空、机电、环境、交通、网络等众多领域。

预测控制不是某一种统一理论的产物，而是在工业实践过程中发展起来的，并得到了广泛的应用。到目前为止，已有许多不同种类的预测控制算法。纵观预测控制的发展历程，大致经历了以下三个阶段。

（1）20 世纪 70 年代的工业预测控制算法，以阶跃响应、脉冲响应为模型，典型算法有动态矩阵控制等。这些算法在模型选择和控制思路方面十分符合工业应用的要求，因此很快成为工业预测控制软件的主体算法并得到广泛应用，但理论分析的困难使它们在应用中必须融入对实际过程的了解和调试的经验。

（2）20 世纪 80 年代的自适应预测控制算法，是由自适应控制发展而来的广义预测控制。与工业预测控制算法相比，这类算法的模型和控制思路都更适合理论分析，推动了预测控制的定量分析。然而，对于多变量、有约束、非线性等情况的解析困难成为定量分析中无法克服的障碍，因此约束了这一研究方向的深入发展。

（3）20 世纪 90 年代的预测控制定性综合理论，这一时期因为定量分析所遇到的困难而转变了研究思路，不再局限于研究已有算法的稳定性，而是开始研究如何在保证稳定性的同时发展新的算法，这些研究可以针对最一般的对象。由于充分借鉴了最优控制、Lyapunov 分析、不变集等成熟理论和方法，使预测控制的理论研究出现了新的飞跃，取得了丰硕的研究成果，成为当前预测控制研究的主流，但这些成果与实际工业应用仍存在着很大的距离。

近年来，国内外对预测控制的研究和应用日趋广泛。研究范围已经涉及预测模型类型、优化目标种类、约束条件种类以及稳定性、鲁棒性、非线性等方面，形成了自适应预测控制、智能预测控制、非线性预测控制、鲁棒预测控制等一系列新型预测控制算法，极大地丰富了预测控制领域的内容。其应用范围也不再局限于过程控制领域，而是扩展到了机器人、飞行器、网络系统等更为广泛的领域。在早期有过众多的表示特定的预测控制的命名，如动态矩阵控制（Dynamic Matrix Control，DMC）、模型算法控制（Model Algorithmic Control，MAC）、广义预测控制（Generalized Predictive Control，GPC）等。目前整个预测控制领域已被广泛采用的较为通用的名字为模型预测控制（Model Predictive Control，MPC）和基于模型的预测控制（Model-Based Predictive Control，MBPC）。

6.2.2 模型预测控制的基本原理

模型预测控制算法是使用过程模型来控制对象未来行为的一类计算机算法，尽管模型预测控制算法形式多样，但一般来说，这些算法都包含预测模型、滚动优化和反馈校正三个主要部分。

1. 预测模型

预测控制算法是一种基于过程模型的控制算法，所建立的过程模型称为预测模型。对于预测控制来讲，预测模型只注重模型的功能，而不注重模型的形式，预测模型的功能就是根据对象的历史信息和未来输入预测其未来输出，如图 6-2 所示。从方法的角度讲，只要是具有预测功能的信息集合，不论其表现形式是什么，均可作为预测模型。因此，状态方程、传递函数这类传统的模型都可以作为预测模型。对于线性稳定对象，甚至阶跃响应、脉冲响应这类非参数模型，也可以直接作为预测模型使用。

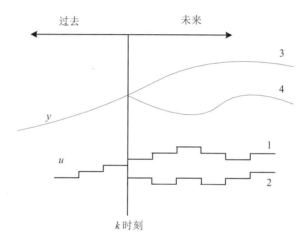

1- 控制策略Ⅰ；2- 控制策略Ⅱ；3- 对应于Ⅰ的输出；4- 对应于Ⅱ的输出

图 6-2 基于模型的预测

此外，非线性系统、分布参数系统的模型，只要具备上述功能，也可以在这类系统进行预测控制时作为预测模型使用。预测模型具有展示系统未来动态行为的功能。这样，就可以利用预测模型为预测控制进行优化操作提供先验知识，从而决定采用何种控制输入序列，使被控对象未来的输出变化符合预期的目标。

2. 滚动优化

预测控制的主要特征是在线滚动优化。预测控制通过某一性能指标的最优化来确定未来的控制功能，这一性能指标涉及系统未来的行为，通常取对象输出在未来采样点上与期望轨迹的方差为最小的值。但也可取更广泛的形式，例如，要求控制能量为最小的同时保持输出在某一给定范围内。

但是，预测控制的优化与传统意义上的离散最优控制有很大的差别，这主要表现在预测控制中的优化是一种有限时段的滚动优化，如图 6-3 所示。在每一采样时刻，优化性能指标只涉及从该时刻起的有限时间，而到下一采样时刻，这一优化时段同时向前推移。在不同时刻，优化性能指标的相对形式是相同的，但其绝对形式（即所包含的时间区域）是不同的。

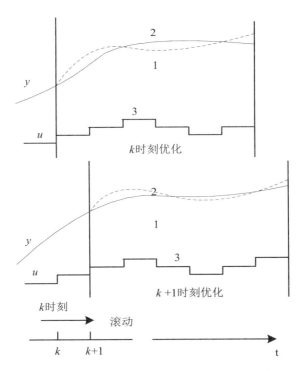

k时刻优化

k+1时刻优化

k时刻

滚动

k   k+1   t

1- 参考轨迹；2- 最优预测输出；3- 最优控制作用

图 6-3　滚动优化

因此，在预测控制中，优化不是一次性离线进行的，而是反复在线进行的，这就是滚动优化的含义，也是预测控制区别于传统最优控制的根本特点。预测控制汲取了优化控制的思想，并用滚动的有限时段优化取代了一成不变的全局优化。这虽然在理想情况下不能达到全局最优，但由于实际上不可避免地会存在模型误差和环境干扰，这种建立在实际反馈信息基础上的反复优化，能不断接受不确定性的影响并及时加以校正，因此反而要比只依靠模型的一次性优化更能适应实际过程，有更强的鲁棒性。

3. 反馈校正

过程控制算法采用的预测模型通常只能粗略描述对象的动态特性，由于实际系统中存在非线性、时变、模型失配、干扰等因素，因此反馈策略是必不可少的。滚动优化只有建立在反馈校正的基础上，才能体现出它的优越性。因此，预测控制在通过优化确定了一系列未来的控制功能后，为了防止模型失配或环境干扰引起实际控制与理想状态的偏离，预测控制通常不是把这些控制作用全部实现，而是只实现本时刻的控制功能。到下一采样时刻，首先检测对象的实际输出，并利用这一实时信息对基于模型的预测进行修正，然后再进行新的优化，如图 6-4 所示。

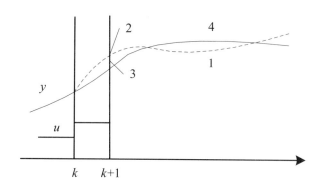

1-k 时刻的预测输出；2-k+1 时刻的实际输出；3- 预测误差；4-k+1 时刻校正后的预测输出

图 6-4 误差校正

反馈校正的形式是多样的，可以在保持预测模型不变的基础上，对未来的误差作出预测并加以补偿，也可以根据在线辨识的原理直接修改预测模型。不论采取何种校正形式，预测控制都把优化建立在系统的实际基础上，并力图在优化时对系统未来的动态行为作出较准确的预测。因此，预测控制中的优化不仅基于模型，而且利用了反馈信息，因而构成了闭环优化。综上所述，作为一种新型的计算机控制算法，预测控制是有其鲜明特征的，是一种基于模型、滚动优化，并结合反馈校正的优化控制算法。预测控制综合利用实时信息和模型信息，对目标函数不断进行滚动优化，并根据实际测得的对象输出修正或补偿预测模型。这种策略更加适用于复杂的工业过程，事实上在复杂的工业过程控制中也确实得到了广泛的应用。

 无人机编队队形控制

无人机在编队飞行的过程中，面临着复杂多变的环境，需要具有一定的智能性；为了更好地完成高层的决策任务，需要控制多个变量。预测控制器可以运行在传统局部回路控制器的上层，在满足稳定性的同时，尽量满足高层智能决策的要求。本节主要研究模型预测控制在无人机编队队形保持中的应用，为日后更好地完成决策任务提供一种思路，队形控制器如图 6-5 所示。

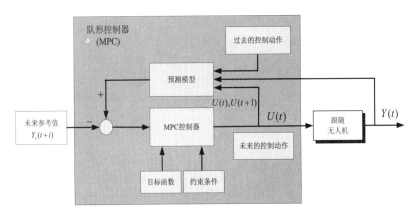

图 6-5　编队队形控制器

6.3.1 编队相对运动分析

以两架无人机编队飞行为例进行分析，跟随无人机保持与领航无人机的相对距离为设定值，如图 6-6 所示。参考坐标系有地面坐标系、机体坐标系，但是计算相对比较复杂，目前常用的是速度坐标系，但容易出现不可控点。这里以航迹坐标系作为参考坐标系，确定跟随无人机与领航无人机的相对位置误差。

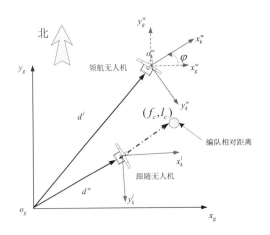

图 6-6　编队相对运动分析

其中"W"表示跟随无人机，"L"表示领航无人机，$O_g X_g Y_g Z_g$ 是地面坐标轴系，$O_k^w X_k^w Y_k^w Z_k^w$ 是跟随无人机航迹坐标系，$O_k^l X_k^l Y_k^l Z_k^l$ 是领航无人机航迹坐标系，d^w、d^l 是跟随无人机、领航无人机与地面坐标轴系原点的距离，(f_c, l_c) 为编队中跟随无人机相对领航无人机航迹坐标系的距离。由于在无人机飞行过程中侧滑角很小，因此为简化计算，假设在编队飞行中无人机无侧滑飞行，即 $\varphi = \psi + \beta \approx \psi$，其中 ψ 为偏航角，β 为侧滑角。

位置误差的计算分为两步：首先采用 GPS 值计算跟随无人机与领航无人机的相对距离，然后将误差值转化到领航无人机的航迹坐标系下。领航无人机和跟随无人机的相对距离误差从地面坐标系转换到领航无人机航迹坐标系的坐标转换关系如式（6-1）所示。

$$O_k = S_{\mu\varphi}O_g$$

$$S_{\mu\varphi} = \begin{bmatrix} \cos_\mu\cos_\varphi & \cos_\mu\sin_\varphi & -\sin_\mu \\ -\sin_\varphi & \cos_\varphi & 0 \\ \sin_\mu\cos_\varphi & \sin_\mu\cos_\varphi & \cos_\mu \end{bmatrix} = \begin{bmatrix} \cos_\mu\cos_\psi & \cos_\mu\sin_\psi & -\sin_\mu \\ -\sin_\psi & \cos_\psi & 0 \\ \sin_\mu\cos_\psi & \sin_\mu\cos_\psi & \cos_\mu \end{bmatrix} \quad （6\text{-}1）$$

横向的位置误差转换关系如式（6-2）所示，其中 (l,f) 为领航无人机航迹坐标系中跟随无人机的横向距离误差和前向距离误差，(l_c, f_c) 为规定的编队队形相对距离。

$$\begin{bmatrix} l \\ f \end{bmatrix} = \begin{bmatrix} \cos\psi & \sin\psi \\ -\sin\psi & \cos\psi \end{bmatrix} \begin{bmatrix} X_L - X_W \\ Y_L - Y_W \end{bmatrix} - \begin{bmatrix} l_c \\ f_c \end{bmatrix} \quad （6\text{-}2）$$

6.3.2 编队队形控制器设计

本章将队形控制分为纵向控制和横侧向控制，纵向控制由高度保持通道完成，横侧向控制采用非线性模型预测控制方法控制偏航角速率，以达到控制横向距离偏差的目的。

首先建立飞行轨迹的预测模型，设计相应的性能指标，根据横向距离位置误差和优化算法计算偏航角速率。

1. 非线性预测模型

无人机横侧向运动如图 6-7 所示，运动学模型的状态空间方程为式（6-3）。

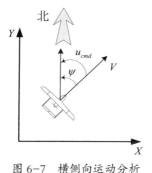

图 6-7　横侧向运动分析

$$\dot{x}_d = V\cos(\psi) + W_x$$

$$\dot{y}_d = V\sin(\psi) + W_y \quad (6\text{-}3)$$

$$\dot{\psi} = u_{cmd}, u_{mix} \leqslant u_{cmd} \leqslant u_{max}$$

其中，$(x_d, y_d) \in R^2$ 为无人机的位置，V 为空速，ψ 为偏航角，W_x 和 W_y 为风在 x 轴和 y 轴方向上的干扰，u_{cmd} 为偏航角速率，u_{mix}、u_{max} 为偏航角速率的范围。小型无人机速度通常恒定或小范围改变，因此假定飞行过程中空速 V 固定，是无风的环境。简化后的离散化的运动学方程为式（6-4），ΔT 为时间间隔。

$$x(k+1) = x(k) + \Delta TV\cos(\psi(k))$$

$$y(k+1) = y(k) + \Delta TV\sin(\psi(k)) \quad (6\text{-}4)$$

$$\psi(k+1) = \psi(k) + \Delta Tu(k)$$

简记为式（6-5）。

$$X(k+1) = f(X(k), u(k)) \quad (6\text{-}5)$$

2. 二次型性能指标

设受控对象在 k 时刻的建模时域长度 N 内进行优化，当 N 取值大时，计算量相应增大，因此必须结合硬件设备合理地选择 N 的值。在选择输入序列时，通常采用一些简单的结构，使"参数化"变量较少，在每个时间间隔计算优化控制序列 $\{u_1, u_2, ..., u_N\}$，将即时控制量 u_1 输出。由于无人机不做剧烈的机动性动作，因此在时间间隔中，u_N 控制输入变化不大，本小节将其余的输入保存为 $\{u_2, u_3, ..., u_N, u_N\}$，在下一个时间间隔使用，这样可以提高算法的计算速度。

在给定约束范围内，使系统输出值 $y(k+i\,|\,k)$ 尽可能地接近参考给定轨迹 $y_r(k+i\,|\,k)$，同时避免控制增量变化剧烈。因此，二次型优化目标函数为式（6-6）。

$$J = \theta\big[x(N)\big] + \sum_{i=1}^{N} L_i\big(X(i), u(i)\big) \quad (6\text{-}6)$$

约束为式（6-7）。

$$X(k+1) = g\big(x(k), u(k), k\big) \quad (6\text{-}7)$$

偏航角速率约束为 $-0.2 \leqslant u_{cmd} \leqslant 0.2$，$\theta(\cdot)$ 为终端状态，$L_i(\cdot)$ 为预测时域内的输出状态和输入状态。目标函数为与领航无人机横向距离 y 偏差、偏航角 ψ 偏差和控制输入偏航角速率 u 的二次型函数，加权矩阵为 Q、R 和 S，则目标函数为式（6-8）。

$$\min J(k) = S_y \left(y(N) - y_d \right)^2 + S_\psi \left(\psi(N) - \psi_d \right)^2 +$$

$$\sum_{i=1}^{N} \left[Q_y \left(y(i) - y_d \right)^2 + Q_\psi \left(\psi(i) - \psi_d \right)^2 + u(i)^T R u(i) \right] \tag{6-8}$$

3. 滚动优化

非线性系统的预测控制方法在原理上与线性系统没有什么不同，但考虑具体算法时，其在线滚动优化却成为瓶颈。在性能指标取二次型的情况下，由于模型的非线性，因此要面临非线性优化问题。如何实时有效地求解非线性滚动优化问题，至今仍是一个富有挑战性的课题。近年来，许多学者对非线性系统的预测控制作了大量的研究，并提出了不少有意义的方法。这些方法的核心在于，如何克服非线性问题求解的困难。目前已提出的方法大致有以下几种。

（1）线性化方法，即把模型线性化后，用线性预测控制的滚动优化设计控制器，同时保留了非线性模型用于预测。为了克服模型线性化带来的误差，可通过在线辨识不断修正线性化模型。

（2）数值计算和解析相结合的方法，即利用非线性模型进行在线仿真，并通过梯度法寻优，反复迭代求出非线性优化问题的解。

（3）分层方法，即通过递阶算法把非线性优化转化为线性优化与协调两级计算，或通过非线性反馈实现输入、输出线性化，再用线性预测控制算法。

（4）逼近方法，即用广义卷积模型或广义正交函数逼近非线性模型，并在截断后求解线性的或简单的非线性的预测控制问题。

（5）特殊的非线性系统，如哈默斯坦（Hammerstein）模型、双线性模型的预测控制算法。

为了满足实时性和计算的快速性，本章采用数值计算和解析相结合的方法，用最速下降法来滚动优化二次型性能指标。为了解式（6-3）约束下的优化问题，引入拉格朗日乘子 $\{\lambda_1, \lambda_2, \cdots, \lambda_N\}$ 化为无约束优化，如式（6-9）。

$$\min J = \theta \left[x(N) \right] + \sum \left\{ L_i \left(X(i), u(i) \right) + \lambda_i \left[g \left(x(k), u(k), k \right) - X(k+1) \right] \right\} \tag{6-9}$$

令 Hamilton 函数 H 为式（6-10）。

$$H = L_i \left(X(i), u(i) \right) + \lambda_{i+1}^T g \left(x(k), u(k), k \right) \tag{6-10}$$

横截条件和伴随方程为式（6-11）和式（6-12）。

$$\lambda_N = \frac{\partial \theta \left(X(N) \right)}{\partial X(N)} \tag{6-11}$$

$$\lambda_i = \frac{\partial L(X(i))}{\partial X(i)} + \lambda_{i+1}^T \frac{\partial g}{\partial X(i)} \qquad (6\text{-}12)$$

k 时刻的优化输出值 $u_k = (u(0), u(1), \cdots, u(N-1))^T$，$-\partial J/\partial u_k$ 为最速下降的方向。算法步骤如下。

While $\|u_{k+1} - u_k\| > \varepsilon$

第 1 步：根据 $u_k = (u(0), u(1), \ldots, u(N-1))^T$，计算 $X(k+1)$，$\cdots$，$X(k+N)$。

第 2 步：计算 $(\lambda_N, \lambda_{N-1}, \cdots, \lambda_1)$。

第 3 步：当 $J_{new} > J$ 时，$u_{k+1} = u_k + s(-\partial J/\partial u_k)$，根据 u_{k+1} 计算 $X_{new}(k+1), \ldots, X_{new}(k+N)$。

由 $s = \beta s$ 可得，$|\beta| < 1$ 时缩小搜索步长，ε 为误差阀值。

6.4 仿真结果

仿真中，无人机编队采用航迹坐标系，相对距离误差通过无人机 GPS 位置信息计算得到，然后进行坐标转换得出跟随无人机的控制结果。跟随无人机编队控制器结构如图 6-8 所示。

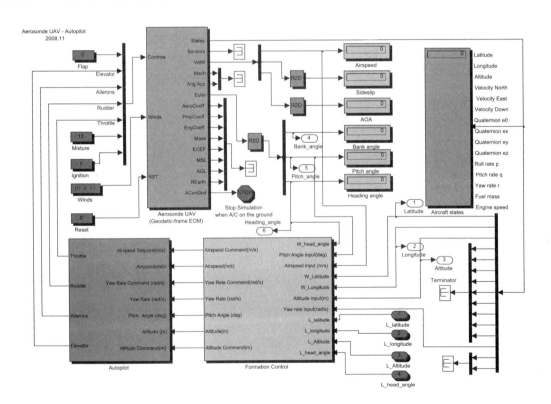

图 6-8　跟随无人机编队控制器

仿真中，规定领航无人机航迹坐标系前方为正，右侧为正，上方为正。实验中，编队队形距离跟随无人机与领航无人机的前向距离 $f_c = -30\text{m}$，横向距离 $l_c = -40\text{m}$，高度距离 $h_c = -10\text{m}$。编队队形控制仿真初始条件如表 6-1 所示。

表 6-1 编队队形控制仿真初始条件

参数	领航无人机	跟随无人机
速度	25m/s	25m/s
经度	0.000005	0
纬度	0.000005	0
高度	500m	500m
偏航角	0deg	0deg

领航无人机处于直线平飞状态，在速度恒定为 25m/s 的情况下，偏航角 $\psi = 45\deg$。主要控制横向距离 l_c 达到编队队形，高度距离 h_c 控制由高度控制通道完成。$dT = 0.2\text{s}$，预测时域 $N = 10$，控制时域 $m = 1$，$dT = 0.2\text{s}$，仿真结果如图 6-9 至图 6-14 所示。

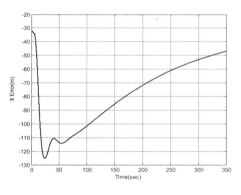

图 6-9 X 相对距离 l_c 变化

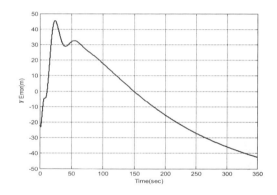

图 6-10 Y 相对距离 f_c 变化

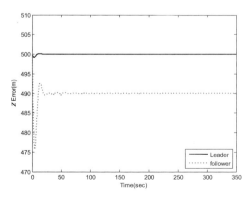

图 6-11 直线平飞 X-Y 相对距离

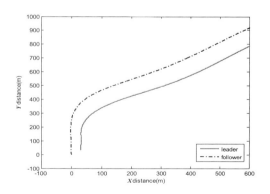

图 6-12 Z 相对距离 h_c 变化

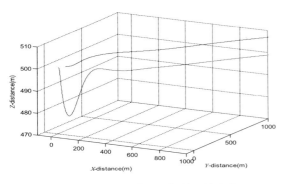

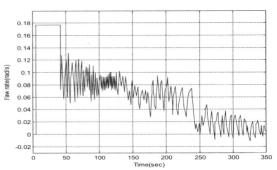

图 6-13　编队的队形控制三维曲线　　　　图 6-14　偏航角速率变化

6.5　本章小结

　　本章阐述了无人机编队队形控制的概念，分析了无人机编队飞行的相对运动，以领航无人机航迹坐标系为参考坐标系计算相对位置误差，纵向控制通道采用高度保持控制通道，横侧向控制通道采用模型预测控制设计编队队形控制器，通过控制跟随无人机达到队形控制的目的，仿真结果达到了预期的目标。

第 7 章
基于多模型预测控制的无人机编队运动控制策略

　　上一章提到，非线性模型预测控制方法为解决非线性系统中的控制问题提供了一种有效的手段，但是存在一定的实时性问题。如果巡航编队无人机之间的距离比较近，实时性不足，就容易产生碰撞。而阶梯预测控制能解决实时性问题，但是阶梯预测控制采用了约束未来控制量的变化量的方式，限制了飞机的机动性能，也容易使编队无人机出现碰撞问题。因此，有必要采用一种新的预测控制方法来实现巡航编队的飞行控制。

　　本章针对上述问题，采用领航跟随法，以领航无人机为参考点，建立离散化的相对运动方程。然后采用基于多模型的预测控制的方法设计巡航编队控制器，将非线性滚动的优化问题转化为线性二次型的优化问题，提高了非线性预测的实时性，实现了编队队形控制。

7.1 多无人机巡航编队控制系统设计思路

当环境中没有障碍物等危险的时候，采用领航跟随法，由领航无人机带领编队向目标点运动。无人机编队过程中最主要的是实现领航无人机与跟随无人机之间相对位置的控制和保持，因此需要建立它们的相对运动模型并进行研究。在编队飞行中，由领航无人机带领整个编队向目标点飞行，不负责编队队形的保持，领航无人机由无人机飞行控制系统进行导航，实现向目标区域飞行，队形则由跟随无人机的编队控制器根据编队要求来保持。假定在编队过程中飞机飞行的高度不变，处于平飞状态，通过控制速度和偏航角速度实现保持控制，其控制结构图如图7-1所示。

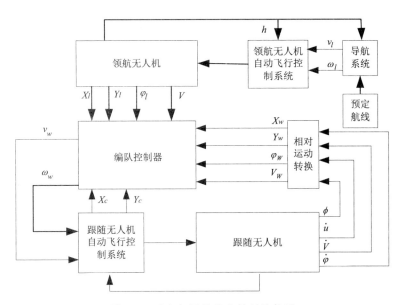

图7-1 无人机巡航编队控制结构图

由图7-1可以看出，在编队飞行控制结构中，首先把跟随无人机的飞行状态输出，经过相对运动坐标系的转换，转换到编队参考坐标系（即领航无人机的航迹坐标）中；再与领航无人机的飞行状态以及编队所要求的相对位置相结合，求出领航无人机与跟随无人机的飞行状态误差，输送到跟随无人机的编队控制器；然后编队控制器利用状态误差，求出跟随无人机要形成编队所需的跟随无人机的速度和角速度，输送给跟随无人机的自动驾驶仪；最后由跟随无人机的自动驾驶仪调整油门以及各舵面的舵偏角，来实现具体的动作，其中由领航无人机的自动飞行控制系统负责控制整个编队的运动情况。这里主要对跟随无人机编队控制器进行研究。

基于多模型预测控制的无人机编队控制方法

在选定的坐标系下，建立无人机巡航编队飞行控制运动学模型，然后进行无人机巡航编队运动离散模型及预测控制分析，最终建立基于多模型控制方法的无人机巡航编队预测控制。

7.2.1 参考坐标系的选择

两机编队如果要进行相对运动建模，则必须要选择统一的坐标系。最常用的坐标系是地面坐标系，但是领航无人机和跟随无人机的运动方程都会有三角函数存在，增加了计算的复杂度；而在速度坐标系中容易出现不可控点；机体坐标系也同样存在计算复杂的问题。且由于在进行巡航编队的过程中，无人机之间的相对距离是在航迹坐标系下保持不变的，与其通过将地面相对距离转换到航迹坐标系，不如在航迹坐标系中直接进行相对运动建模，因此，本章采用航迹坐标系作为参考坐标系，建立无人机的相对运动方程。

假定巡航编队过程中无人机主要是平飞，可以将领航无人机质心运动的航迹坐标系定义为编队的参考坐标系，定义如下：原点 O_l 位于领航无人机质心，O_lX_l 始终与领航无人机的速度 V 的方向一致，O_lY_l 则垂直于 O_lX_l。则领航无人机质心相对于地面坐标系的运动则由速度 V 和与地面坐标系的夹角 φ 确定，如图 7-2 所示。

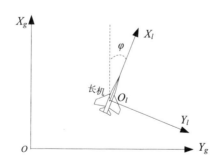

图 7-2   无人机编队运动参考坐标系

7.2.2 无人机巡航编队飞行控制运动学模型

假设在编队飞行中无人机无侧滑飞行且处于平飞状态。图 7-3 所示为地面坐标系中领航无人机（Leader UAV）与跟随无人机（Wing UAV）位置向量之间的关系。

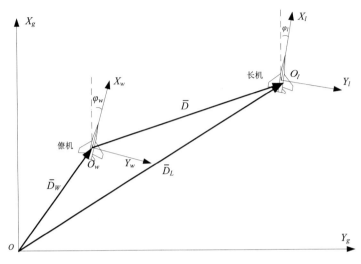

图 7-3　两机位置向量之间的关系

由图 7-3 可以看出式（7-1）。

$$\bar{D}_L = \bar{D}_W + \bar{D} \tag{7-1}$$

对上式进行微分，可以得到式（7-2）。

$$\frac{\mathrm{d}\bar{D}_L}{\mathrm{d}t} = \frac{\mathrm{d}\bar{D}_W}{\mathrm{d}t} + \frac{\mathrm{d}\bar{D}}{\mathrm{d}t} \tag{7-2}$$

根据动坐标系之间的关系，可知式（7-3）。

$$\frac{\mathrm{d}\bar{D}_L}{\mathrm{d}t} = \frac{\delta\bar{D}_w}{\delta t} + \omega_w \times \bar{D} \tag{7-3}$$

假定飞机在平面飞行，第一架飞机的运动方程为式（7-4）。

$$\begin{cases} \dot{x}_l = v_l \cos(\varphi_l) \\ \dot{y}_l = v_l \sin(\varphi_l) \\ \dot{\varphi}_l = \omega_l \end{cases} \tag{7-4}$$

第二架飞机的运动方程为式（7-5）。

$$\begin{cases} \dot{x}_w = v_w \cos(\varphi_w) \\ \dot{y}_w = v_w \sin(\varphi_w) \\ \dot{\varphi}_w = \omega_w \end{cases} \tag{7-5}$$

假定 x_d，y_d 为领航无人机航迹坐标下两架无人机之间距离的 X 轴值和 Y 轴值，由式（7-3）、式（7-4）和式（7-5）建立相对运动方程式（7-6）。

$$v_l \begin{bmatrix} \cos\varphi_l \\ \sin\varphi_l \end{bmatrix} = v_w \begin{bmatrix} \cos\varphi_w \\ \sin\varphi_w \end{bmatrix} + C_w^L \left(\begin{bmatrix} \dot{x}_d \\ \dot{y}_d \end{bmatrix} + \begin{bmatrix} -\omega_w \cdot y_d \\ \omega_w \cdot x_d \end{bmatrix} \right) \tag{7-6}$$

进行平移处理后得式（7-7）。

$$\begin{bmatrix} \dot{x}_d \\ \dot{y}_d \end{bmatrix} = C_L^W \left(v_l \begin{bmatrix} \cos\varphi_l \\ \sin\varphi_l \end{bmatrix} - v_w \begin{bmatrix} \cos\varphi_w \\ \sin\varphi_w \end{bmatrix} \right) - \begin{bmatrix} -\omega_w \cdot y_d \\ \omega_w \cdot x_d \end{bmatrix} \tag{7-7}$$

假定 $\varphi_e = \varphi_l - \varphi_w$，那么可以得到式（7-8）。

$$C_L^W v_l \begin{bmatrix} \cos\varphi_l \\ \sin\varphi_l \end{bmatrix} = v_l \begin{bmatrix} \cos\varphi_e \\ \sin\varphi_e \end{bmatrix} \tag{7-8}$$

又由于式（7-9）。

$$C_L^W v_w \begin{bmatrix} \cos\varphi_w \\ \sin\varphi_w \end{bmatrix} = \begin{bmatrix} v_w \\ 0 \end{bmatrix} \tag{7-9}$$

因此得到式（7-10）。

$$\begin{bmatrix} \dot{x}_d \\ \dot{y}_d \end{bmatrix} = v_l \begin{bmatrix} \cos(\varphi_l - \varphi_w) \\ \sin(\varphi_l - \varphi_w) \end{bmatrix} - \begin{bmatrix} v_w \\ 0 \end{bmatrix} - \begin{bmatrix} -\omega_w \cdot y_d \\ \omega_w \cdot x_d \end{bmatrix} \tag{7-10}$$

即式（7-11）。

$$\begin{bmatrix} \dot{x}_d \\ \dot{y}_d \end{bmatrix} = \begin{bmatrix} v_l \cos(\varphi_l - \varphi_w) - v_w + \omega_w \cdot y_d \\ v_l \sin(\varphi_l - \varphi_w) - \omega_w \cdot x_d \end{bmatrix} \tag{7-11}$$

即式（7-12）。

$$\begin{cases} \dot{x}_d = v_l \cos(\varphi_l - \varphi_w) - v_w + \omega_w \cdot y_d \\ \dot{y}_d = v_l \sin(\varphi_l - \varphi_w) - \omega_w \cdot x_d \\ \dot{\varphi}_w = \omega_w \end{cases} \tag{7-12}$$

整理为状态方程（7-13）。

$$\begin{bmatrix} \dot{x}_d \\ \dot{y}_d \\ \dot{\varphi}_w \end{bmatrix} = \begin{bmatrix} -1 & y_d \\ 0 & -x_d \\ 0 & 1 \end{bmatrix} \begin{bmatrix} v_w \\ \omega_w \end{bmatrix} + \begin{bmatrix} v_l \cos(\varphi_l - \varphi_w) \\ v_l \sin(\varphi_l - \varphi_w) \\ 0 \end{bmatrix} \tag{7-13}$$

其输出为式（7-14）。

$$\begin{cases} y_1 = x_d \\ y_2 = y_d \end{cases}$$（7-14）

7.2.3 无人机巡航编队的运动离散模型及预测控制分析

对巡航编队控制的状态方程进行离散化得式（7-15）。

$$\begin{bmatrix} x_d(k+1) \\ y_d(k+1) \\ \varphi_w(k+1) \end{bmatrix} = \begin{bmatrix} x_d(k) \\ y_d(k) \\ \varphi_w(k) \end{bmatrix} + \begin{bmatrix} -1 & y_d(k) \\ 0 & -x_d(k) \\ 0 & 1 \end{bmatrix} \begin{bmatrix} v_w(k) \\ \omega_w(k) \end{bmatrix} \Delta T + \begin{bmatrix} v_l(k)\cos(\varphi_l(k)-\varphi_w(k)) \\ v_l(k)\sin(\varphi_l(k)-\varphi_w(k)) \\ 0 \end{bmatrix} \Delta T$$（7-15）

进行滚动优化的过程中，采样周期一般比较短，因此在采样周期内可以假定领航无人机的速度及偏航角不变。即假定在短采样周期内有式（7-16）。

$$v_l(k+i) = v_l(k+i-1) = v_l(k)$$

（7-16）

$$\varphi_l(k+i) = \varphi_l(k+i-1) = \varphi_l(k)$$

通过式（7-16）就可以得到上述输出的预测值。即式（7-17）。

$$x_{dp}(k+1), x_{dp}(k+2), \cdots, x_{dp}(k+N-1), x_{dp}(k+N)$$

（7-17）

$$y_{dp}(k+1), y_{dp}(k+2), \cdots, y_{dp}(k+N-1), y_{dp}(k+N)$$

由于在 k 时刻的 $x_d(k)$，$y_d(k)$，$v_l(k)$，$\varphi_w(k)$，$\varphi_l(k)$ 为已知量，那么巡航编队飞行控制的未来输出值为 $x_{dp}(k+1), x_{dp}(k+2), \cdots, x_{dp}(k+N-1), x_{dp}(k+N)$。$y_{dp}(k+1), y_{dp}(k+2), \cdots, y_{dp}(k+N-1)$，$y_{dp}(k+N)$ 为仅包含未来控制量 $v_w(k)$，$v_w(k+1)$，$\cdots$，$v_w(k+N-1)$ 和未来控制量 $\omega_w(k)$，$\omega_w(k+1)$，$\cdots$，$\omega(k+N-1)$ 的函数。很显然，这是一个多输入、多输出的非线性控制，可以通过滚动优化算法求解出 $v_w(k)$，$v_w(k+1)$，$\cdots$，$v_w(k+N-1)$ 和 $\omega_w(k)$，$\omega_w(k+1)$，$\cdots$，$\omega(k+N-1)$ 的值，并以 $v_w(k)$，$\omega_w(k)$ 作为下一时刻的控制量输出，并依次向下进行滚动优化求解，求出下一时刻的控制量输入，具体的求解思路如图 7-4 所示，深色的方框表示每一次优化求解所求出的控制量。

根据上面的状态方程和误差，可以采用模糊逻辑阶梯式预测的控制方法进行控制器设计，如图 7-5 所示。

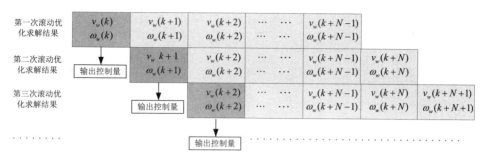

图 7-4　输出控制量示意图

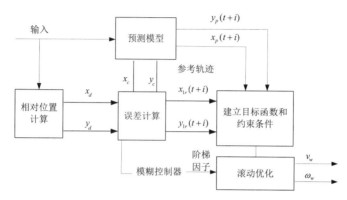

图 7-5　基于模糊阶梯式预测控制的巡航编队控制器设计图

但是巡航编队飞行中使用模糊阶梯式预测控制存在一定的局限性，所以有必要采用一种新的预测控制来实现巡航编队飞行控制。对一些比较复杂的系统，在一定条件下，多模型控制方法具有更强的鲁棒性和更高的控制精度，而且采用多模型控制方法使非线性系统有了透明的模型及控制器，便于进行系统的分析。与其他非线性全局策略相比，多模型控制方法的计算复杂程度大大降低，模型及控制器结构更适用于灵活的在线调整、学习算法，因此可以采用基于多模型的预测控制来解决无人机编队控制问题。

由于采用的是多个线性模型加权的方式，最终的预测模型是线性的，因此滚动优化问题由一般非线性优化问题转化为线性二次型优化问题。线性二次型的优化速度远远高于普通非线性优化，可以大大提高滚动优化的实时性。

7.2.4 基于多模型控制方法的无人机巡航编队预测控制

多模型控制方法处理非线性控制系统的基本原理是：在非线性系统的不同特征点附近，用不同的线性化模型来描述非线性系统，每一个线性化模型只描述非线性系统的一部分动力学特性，在非线性系统的整个工作范围内，用多个线性化模型来逼近整个非线性系统，进而基于每一个线性化模型设计控制器，所得到的这些控制器以一定方式组合在一起，就构成了多模型控制器，最后通过对多个线性化模型的协调控制，来实现对整个非线性系统的控制。

采用多模型控制方法对非线性系统进行控制，其控制流程大致可以分为以下几步：模型集的获取；模型集的局部线性化；构建控制器集合；模型集的组合。下面将针对巡航编队控制模型，采用多模型预测方法进行控制器设计。

1. 编队控制模型的状态特征点的确定

根据多模型预测控制的基本原理，获得多模型之前主要是先确定非线性模型的特征状态点，如图 7-6 所示。其基本思路如下：先确定第一个特征状态点，然后将经过特征点的参考轨迹切线与参考轨迹的误差，同最大允许误差进行比较，如果大于最大允许误差，则重新确定特征点，得到下一个特征状态点，重复计算直到计算出最后一个状态特征点，从而确定非线性系统的特征状态点及其适用区域。如此对每个区域的特征状态点进行线性化，得到线性化模型集。

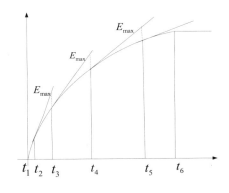

图 7-6 切线误差

对于无人机巡航编队控制来说，状态特征点的具体确定方法如下。

假定无人机实施编队控制时两机的初始距离为 $x_d(0)$ ，$y_d(0)$ ，那么无人机编队的目标距离为 x_c ，y_c ，假定 X 轴和 Y 轴到达目标值的期望时间一致，根据参考轨迹确定方法可以得到无人机巡航编队的参考轨迹，为式（7-18）和式（7-19）。

$$y_{1r}(t) = \xi^t x_d(0) + (1 - \xi^t) \cdot x_c \tag{7-18}$$

$$y_{2r}(t) = \xi^t y_d(0) + (1 - \xi^t) \cdot y_c \tag{7-19}$$

由于有两个输出而产生了两个参考轨迹，因此上面的算法并不能直接应用。但是由于到达目标值的期望时间一致，其参考轨迹的形式也基本一致，因此可以用一个输出的参考轨迹来确定状态特征点。假定用 X 轴在航迹坐标系下的相对位置的参考轨迹来确定状态特征点，那么有式（7-20）。

$$\dot{x}_d = 0, \dot{y}_d = 0, \dot{\varphi}_w = 0 \quad (7-20)$$

假定第 i 个特征状态点为 $(V_w{}^i, \omega_w{}^i, x_d{}^i, y_d{}^i, \varphi_d{}^i)$，那么有式（7-21）。

$$\begin{bmatrix} -1 & y_d{}^i \\ 0 & -x_d{}^i \\ 0 & 1 \end{bmatrix} \begin{bmatrix} V_w{}^i \\ \omega_w{}^i \end{bmatrix} + \begin{bmatrix} V_l \cos(\varphi_l - \varphi_w{}^i) \\ V_l \sin(\varphi_l - \varphi_w{}^i) \\ 0 \end{bmatrix} = \begin{bmatrix} 0 \\ 0 \\ 0 \end{bmatrix} \quad (7-21)$$

同时有式（7-22）。

$$x_d{}^i = y_{1r}(i) , \quad y_d{}^i = y_{2r}(i) \quad (7-22)$$

解之得式（7-23）。

$$\omega_w{}^i = 0 , \quad \varphi_w{}^i = \varphi_l , \quad v_w{}^i = v_l , \quad x_d{}^i = y_{1r}(i) , \quad y_d{}^i = y_{2r}(i) \quad (7-23)$$

假定以初始点作为第一个特征状态点，则特征状态点的值为式（7-24）。

$$\omega_w{}^1 = 0 , \quad \varphi_w{}^1 = \varphi_l , \quad v_w{}^1 = v_l , \quad x_d{}^1 = x_d(0) , \quad y_d{}^1 = y_d(0) \quad (7-24)$$

其切线方程为式（7-25）。

$$y_{1k}(t) = \dot{y}_{1r}(t)t + x_d(0) \quad (7-25)$$

然后确定最大允许误差 $E_{\max}$，依照上面的方法，计算得到第二个状态特征点对应的时间值 t_2，可以得到状态特征点，如式（7-26）。

$$\omega_w{}^2 = 0 , \quad \varphi_w{}^2 = \varphi_l , \quad v_w{}^2 = v_l , \quad V_w{}^2 = V_l , \quad x_d{}^2 = x_d(t_2) , \quad y_d{}^2 = y_d(t_2) \quad (7-26)$$

此时切线方程为式（7-27）。

$$y_{1k}(t) = \dot{y}_{1r}(t)(t - t_2) + x_d(t_2) \quad (7-27)$$

重复上面的步骤，得到巡航编队的多模型区域的特征状态点对应的时间值 t_i，同时可以得到时间 t_i 对应的特征状态点，如式（7-28）。

$$\omega_w{}^i = 0 , \quad \varphi_w{}^i = \varphi_l , \quad v_w{}^i = v_l , \quad x_d{}^i = x_d(t_i) \quad y_d{}^i = y_d(t_i) \quad (7-28)$$

直到计算出最后一个特征状态点，运算终止。

2. 巡航编队控制的离散模型集的生成

在得到状态点后，将系统在不同的状态点进行线性化，就能得到巡航编队的离散模型集，方法如下。

由离散时间动态方程描述的非线性系统如式（7-29）和式（7-30）。

$$x(k+1) = f(x(k), u(k)) \tag{7-29}$$

$$y(k) = g(x(k), u(k)) \tag{7-30}$$

设系统具有 m 个不同的特征状态点，$f(x(k), u(k))$ 和 $g(x(k), u(k))$ 具有一阶连续偏函数。在各特征状态点将系统线性化展开，得到原系统的 m 个线性化模型的标准离散状态空间模型，如式（7-31）和式（7-32）。

$$x(k+1) = A_i x(k) + B_i u(k) - \alpha_i \tag{7-31}$$

$$y(k) = C_i x(k) + D_i u(k) - \beta_i \tag{7-32}$$

其中有式（7-33）。

$$A_i = \frac{\partial f}{\partial x}\Big|_{(x_i, u_i)}, \quad B_i = \frac{\partial f}{\partial u}\Big|_{(x_i, u_i)}, \quad C_i = \frac{\partial g}{\partial u}\Big|_{(x_i, u_i)}, \quad D_i = \frac{\partial g}{\partial u}\Big|_{(x_i, u_i)}$$

$$\alpha_i = \frac{\partial f}{\partial x}\Big|_{(x_i, u_i)} x_i + \frac{\partial f}{\partial u}\Big|_{(x_i, u_i)} u_i - x_i, \quad \beta_i = \frac{\partial g}{\partial x}\Big|_{(x_i, u_i)} x_i + \frac{\partial g}{\partial u}\Big|_{(x_i, u_i)} u_i - y_i \tag{7-33}$$

这 m 个线性化模型构成了原系统的线性化多模型表示方式。

对巡航无人机编队飞行控制来说，因为特征状态点为式（7-34）。

$$\omega_w^i = 0, \quad \varphi_w^i = \varphi_l, \quad v_w^i = v_l, \quad x_d^i = x_d(t_i), \quad y_d^i = y_d(t_i) \tag{7-34}$$

所以有式（7-35）、式（7-36）和式（7-37）。

$$A_i = \frac{\partial f}{\partial x}\Big|_{(x_i, u_i)} = \frac{\partial\left(\begin{bmatrix} x_d(k) \\ y_d(k) \\ \varphi_w(k) \end{bmatrix} + \left(\begin{bmatrix} -1 & y_d(k) \\ 0 & -x_d(k) \\ 0 & 1 \end{bmatrix}\begin{bmatrix} v_w(k) \\ \omega_w(k) \end{bmatrix} + \begin{bmatrix} v_l(k)\cos(\varphi_l(k) - \varphi_w(k)) \\ v_l(k)\sin(\varphi_l(k) - \varphi_w(k)) \\ 0 \end{bmatrix}\right)\Delta T\right)}{\partial x}\Bigg|_{(x_i, u_i)}$$

$$= \begin{bmatrix} 0 & \omega_w(k) & v_l(k)\cos(\varphi_l(k) - \varphi_w(k)) \\ -\omega_w(k) & 0 & -v_l(k)\cos(\varphi_l(k) - \varphi_w(k)) \\ 0 & 0 & 0 \end{bmatrix}\Delta T\Big|_{(x_i, u_i)} + \begin{bmatrix} 1 & 0 & 0 \\ 0 & 1 & 0 \\ 0 & 0 & 1 \end{bmatrix} = \begin{bmatrix} 1 & 0 & 0 \\ 0 & 1 & -v_l(k)\Delta T \\ 0 & 0 & 1 \end{bmatrix} \tag{7-35}$$

$$B_i = \frac{\partial f}{\partial u}\Big|_{(x_i, u_i)} = \frac{\partial\left(\begin{bmatrix} x_d(k) \\ y_d(k) \\ \varphi_w(k) \end{bmatrix} + \left(\begin{bmatrix} -1 & y_d(k) \\ 0 & -x_d(k) \\ 0 & 1 \end{bmatrix}\begin{bmatrix} v_w(k) \\ \omega_w(k) \end{bmatrix} + \begin{bmatrix} v_l(k)\cos(\varphi_l(k) - \varphi_w(k)) \\ v_l(k)\sin(\varphi_l(k) - \varphi_w(k)) \\ 0 \end{bmatrix}\right)\Delta T\right)}{\partial u}\Bigg|_{(x_i, u_i)} \tag{7-36}$$

$$= \begin{bmatrix} -1 & y_d(k) \\ 0 & -x_d(k) \\ 0 & 1 \end{bmatrix}\Bigg|_{(x_i, u_i)} = \begin{bmatrix} -1 & y_d(t_i) \\ 0 & -x_d(t_i) \\ 0 & 1 \end{bmatrix}\Delta T$$

$$\alpha_i = \frac{\partial f}{\partial x}\Big|_{(x_i, u_i)} x_i + \frac{\partial f}{\partial u}\Big|_{(x_i, u_i)} u_i - x_i$$

$$= \underbrace{\begin{bmatrix} x_d(k) \\ y_d(k) \\ \varphi_w(k) \end{bmatrix} + \begin{bmatrix} -1 & y_d(k) \\ 0 & -x_d(k) \\ 0 & 1 \end{bmatrix} \begin{bmatrix} v_w(k) \\ \omega_w(k) \end{bmatrix} + \begin{bmatrix} v_l(k)\cos(\varphi_l(k) - \varphi_w(k)) \\ v_l(k)\sin(\varphi_l(k) - \varphi_w(k)) \\ 0 \end{bmatrix}}_{\partial x}\Bigg|_{(x_i, u_i)} x_i \Delta T +$$

$$\underbrace{\begin{bmatrix} x_d(k) \\ y_d(k) \\ \varphi_w(k) \end{bmatrix} + \begin{bmatrix} -1 & y_d(k) \\ 0 & -x_d(k) \\ 0 & 1 \end{bmatrix} \begin{bmatrix} v_w(k) \\ \omega_w(k) \end{bmatrix} + \begin{bmatrix} v_l(k)\cos(\varphi_l(k) - \varphi_w(k)) \\ v_l(k)\sin(\varphi_l(k) - \varphi_w(k)) \\ 0 \end{bmatrix}}_{\partial u}\Bigg|_{(x_i, u_i)} u_i \Delta T - x_i \qquad (7\text{-}37)$$

$$= \begin{bmatrix} 1 & 0 & 0 \\ 0 & 1 & -v_l(k)\Delta T \\ 0 & 0 & 1 \end{bmatrix} \begin{bmatrix} x_d(k) \\ y_d(k) \\ \varphi_w(k) \end{bmatrix} + \begin{bmatrix} -1 & y_d(t_i) \\ 0 & -x_d(t_i) \\ 0 & 1 \end{bmatrix} \begin{bmatrix} v_w(k) \\ \omega_w(k) \end{bmatrix} \Delta T - \begin{bmatrix} x_d(k) \\ y_d(k) \\ \varphi_w(k) \end{bmatrix}$$

$$= \begin{bmatrix} -v_w(k) + \omega_w(k) y_d(k) \\ -v_l(k)\varphi_w(k) - x_d(k)\omega_w(k) \\ \omega_w(k) \end{bmatrix}\Bigg|_{(x_i, u_i)} \Delta T = \begin{bmatrix} -v_l(k)\Delta T \\ -v_l(k)\varphi_l(k)\Delta T \\ 0 \end{bmatrix}$$

因输出本来就为线性,所以 C_i,D_i,β_i 不用求解,故其在特征状态点的线性化方程为式(7-38)。

$$\begin{bmatrix} x_d(k+1) \\ y_d(k+1) \\ \varphi_d(k+1) \end{bmatrix} = \begin{bmatrix} 1 & 0 & 0 \\ 0 & 1 & -v_l(k)\Delta T \\ 0 & 0 & 1 \end{bmatrix} \begin{bmatrix} x_d(k) \\ y_d(k) \\ \varphi_d(k) \end{bmatrix} + \begin{bmatrix} -1 & y_d(t_i) \\ 0 & x_d(t_i) \\ 0 & 1 \end{bmatrix} \Delta T \begin{bmatrix} v_w(k) \\ \omega_w(k) \end{bmatrix} - \begin{bmatrix} -v_l(k)\Delta T \\ -v_l(k)\varphi_l(k)\Delta T \\ 0 \end{bmatrix} \qquad (7\text{-}38)$$

对于不同的特征状态点,可以得到不同时间区域的无人机编队控制的线性模型,从而得到无人机巡航编队模型集,然后将这些模型记为 $M(1)$,$M(2)$,$\cdots$,$M(S)$。

3. 巡航编队飞行控制的模型集组合方法

对于多模型集组合方法一般有基于控制器输出加权的组合方法和基于模型加权的组合方法两种。

基于控制器输出加权的组合方法的基本思想为:在非线性系统的各个状态特征点附近进行线性化,建立相应的线性化模型集。并根据各个线性化模型和给定的性能指标及约束条件独立设计预测函数控制器。在每个控制周期内,各个控制器独立计算输出。然后根据事先设计的加权器,把各个控制器的输出进行线性加权输出。

基于模型加权的组合方法的基本思想为:在非线性系统的各个状态特征点附近进行线性化,建立相应的线性化模型集。在每个采样时刻,根据模型加权函数确定模型集中的模型在该采样点占有的权值,然后通过加权函数计算该控制对象在该采样点的线性控制模型。利用该模型设计线性预测控制器,得到最后的控制器输出。

通过上面的状态特征点获取方法获得特征状态点,在误差值达到最大值时切换到新的模型,保证了预测轨迹和参考轨迹的最大误差值,从而实现了模型区域的确定。可以看出模型的适用区域是基于时间划分的，因此对不同的采样点有不同的模型。而预测控制属于对未来的时域进行预测，所以本章根据时间区域判断该预测点的适用模型，并利用该模型计算预测值。在预测时域内，预测模型的判断规则如下。

假定状态特征点对应的时间为 $t_1 < t_2 < \cdots < t_{s-1} < t_s$，预测时域为 $[t, t+N]$，那么有：

如果 $[t, t+N] \in [t_i, t_{i+1}]$，那么所有点最终的预测模型为 $M_T = M_i$；

如果 $[t, t+N] \in [t_i, t_{i+N}]$，那么依次判断从预测点 $t+1$ 到 $t+N$ 的每一个点 $t+h$，并将其所属区间 $[t_h, t_h + 1]$ 的模型记为 $M_T = M_h$；

如果 $[t, t+N] \in [t_s, +\infty)$，那么所有点最终的预测模型为 $M_T = M_s$。

通过上面的方法，就可以得到未来时域的预测函数，从而确定优化指标。然而预测区域的边界点也许更加逼近下一个线性模型，如图 7-7 所示，采样点 p_1 可能更逼近在 t_4 所对应的状态特征点进行线性化的线性模型。而根据上面的方法，采样点 p_1 采用的计算模型为在 t_3 所对应的状态特征点进行线性化的线性模型；采样点 p_2 可能更逼近在 t_5 所对应特征状态点进行线性化的线性模型；采样点 p_2 采用的计算模型为在 t_5 所对应的状态特征点进行线性化的线性模型。

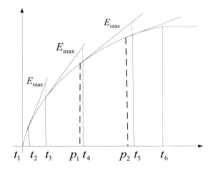

图 7-7　切线误差描述图

所以用上述方法建立的预测模型在区域边界的逼近能力有所下降，模型集中的各模型切换不够平滑。而 T-S 模糊模型作为一种智能控制方法，主要利用模糊推理对非线性系统的逼近能力，将输入空间分成若干个模糊子空间，在每个模糊子空间建立一个局部线性模型，然后使用隶属函数平滑地将各个局部模型连接起来，从而形成非线性函数的全局模糊模型，该模型最终被确定为一个线性模型。

以 T-S 模糊模型为预测模型的预测控制方法，从机理上讲，属于加权模型的多模型预测。和普通的加权模型多模型预测控制器相比，模糊加权模型具有更准确的非线性逼近性能，模型切换平滑，容易理解。所以本小节借鉴 T-S 模糊的思想，并进行简化推理，得出无人机编队运动的多模型控制策略，如图 7-8 所示。

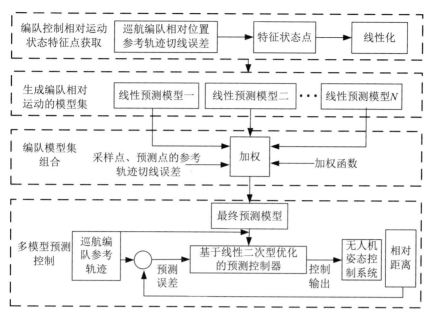

图 7-8　无人机编队运动的多模型控制策略

对于每一个采样点，利用状态特征点的切线与该采样点的参考轨迹的误差，来计算该采样点对于该状态特征点线性化后的线性模型的隶属度。假定第 j 个状态特征点的切线对采样点 t 的参考轨迹的误差为 $E_i(t)$，对于预测区域内的点 $t+i$，可以采用权值函数，如式（7-39）。

$$\begin{cases} w_j(t+i)=e^{-(\frac{E_i(t+i)}{E_{\max}})^2} & -E_{\max}\leqslant E_j(t\ \ i)\leqslant E_{\max} \\ w(t+i)=0 & E_j(t+i)\leqslant -E_{\max}\text{或}E_j(t+i)\geqslant E_{\max} \end{cases} \tag{7-39}$$

该函数保证了离状态特征点越远的采样点的权值越低。通过权值加权，在采样点 t 的预测模型为式（7-40）。

$$M_t=\sum_{i=1}^{m}(w_iM_i)/\sum_{i=1}^{m}(w_i) \tag{7-40}$$

在预测时域内的采样点有式（7-41）。

$$y_p(t+i)=\sum_{j=1}^{m}(w_j(t+i)M_j)/\sum_{j=1}^{m}(w_j(t+i)) \tag{7-41}$$

其中

$$\begin{cases} w_j(t+i)=e^{-(\frac{E_i(t+i)}{E_{\max}})^2} & -E_{\max}\leqslant E_j(t+i)\leqslant E_{\max} \\ w(t+i)=0 & E_j(t+i)\leqslant -E_{\max}\text{或}E_j(t+i)\geqslant E_{\max} \end{cases}$$

通过上述方法就可以得到无人机巡航编队线性化预测函数了，为式（7-42）和式（7-43）。

$$x_{dp}(k+1), x_{dp}(k+2), \cdots, x_{dp}(k+N-1), x_{dp}(k+N) \qquad （7-42）$$

$$y_{dp}(k+1), y_{dp}(k+2), \cdots, y_{dp}(k+N-1), y_{dp}(k+N) \qquad （7-43）$$

预测输出值由包含控制量 $v_w(k), v_w(k+1), \cdots, v_w(k+N-1)$ 和 $\omega_w(k), \omega_w(k+1), \cdots, \omega(k+N-1)$ 的非线性函数变成了包含上述控制量的线性函数，于是该控制问题变成了一个多输入、多输出的线性预测控制问题。

4. 巡航编队优化指标及滚动优化求解

在预测函数控制中，滚动优化的目标是寻找一组 $v_w(k), v_w(k+1), \cdots, v_w(k+N-1)$ 和 $\omega_w(k), \omega_w(k+1), \cdots, \omega(k+N-1)$，使整个优化时域的预测输出尽可能地接近参考轨迹。

引入闭环式（7-44）式（7-45）。

$$e_1(t) = x_d(t) - x_{dp}(t) \qquad （7-44）$$

$$e_2(t) = y_d(t) - y_{dp}(t) \qquad （7-45）$$

可以通过直接输出反馈来补偿开环预测输出，闭环模型预测的值为式（7-46）和式（7-47）。

$$x_d(t+i) = x_{dp}(t+i) + e_1(t) \qquad （7-46）$$

$$y_d(t+i) = y_{dp}(t+i) + e_2(t) \qquad （7-47）$$

在之前介绍的控制问题中，控制目标只有一个数值，即无人机与目标之间的距离，但是本小节的控制目标有两个，即 X 轴和 Y 轴的相对距离。由于 X 轴和 Y 轴的相对距离具有同等重要性和同等数量单位，因此只需在设计性能指标时将两个性能指标设定为相同的权值，定义性能指标如式（7-48）。

$$J = \sum_{i=1}^{N} \left((y_{1r}(t+i) - x_d(t+i))^2 + (y_{2r}(t+i) - y_d(t+i))^2 \right) + \lambda_1 \sum_{i=0}^{N-1} (v_w(t+i) - v_w(t))^2 + \lambda_2 \sum_{i=0}^{N-1} \omega_w^2(t+i) \qquad （7-48）$$

同样引入控制量的优化约束，如式（7-49）。

$$\begin{cases} v_w(k+i-1) - \Delta v < v_w(k+i) < v_w(k+i-1) + \Delta v & i \in 0,1,2 \cdots, N-1 \\ \omega_{\min} < \omega_w(k+i) < \omega_{\max} & i \in 0,1,2 \cdots, N-1 \\ v_{\min} < v_w(k+i) < v_{\max} & i \in 0,1,2 \cdots, N-1 \end{cases} \qquad （7-49）$$

采用多模型处理后，上面的性能指标为线性二次型，其约束是线性等式和不等式约束，所以其优化问题为线性二次规划问题，可以采用线性二次规划问题的求解方法来解决滚动优化问题。线性二次规划的求解方法很多，而且其优化求解速度要远远高于普通非线性规划，从而提高了滚动优化的求解速度。

 ## 7.3 仿真实验

本节主要是通过数值仿真实验来验证无人机编队控制器能否完成无人机编队的形成和保持。主要通过两种重要的情景来测试编队的控制能力，一种是领航无人机进行直线平飞的情景，另一种是领航无人机进行转弯飞行的情景。只要能够在这两种情景下完成巡航编队的形成，那么就可以完成基本的巡航编队的队形形成、保持和变换。编队初始条件假设如表 7-1 所示。

表 7-1　无人机编队的初始条件

领航机初始位置和角度	跟随机初始位置和角度	领航无人机初始速度和角速度	跟随无人机初始速度和角速度	领航无人机位置测量误差
（0，0）	（-100，-100，$\frac{\pi}{2}$）	（40，0）	（40，0）	±0.5

7.3.1 领航无人机直线平飞下的编队仿真

该仿真实验主要是验证领航无人机进行直线平飞时的无人机编队飞行控制能力。领航无人机进行直线运动时，其位置测量是在有误差的情况下进行的。采用本章的方法，预测时域 $N=5$，采样间隔为 0.2s，无人机角速度变化率限制在（-0.1，0.1），最小巡航速度和最大巡航速度为（35，45）。领航无人机初始角度为 $\frac{\pi}{4}$，进行直线平飞时，假定编队的跟随无人机和领航无人机在航迹坐标系下的理想相对位置为 $X=-60$，$Y=30$，其航迹坐标系下的初始相对位置为式（7-50）。

$$\begin{bmatrix} x_d \\ y_d \end{bmatrix} = \begin{bmatrix} \cos\frac{\pi}{4} & \sin\frac{\pi}{4} \\ -\sin\frac{\pi}{4} & \cos\frac{\pi}{4} \end{bmatrix} \begin{bmatrix} -100 \\ -100 \end{bmatrix} = \begin{bmatrix} -100\sqrt{2} \\ 0 \end{bmatrix} \quad （7\text{-}50）$$

采用 Matlab 的 Simulink 工具箱进行相应的仿真，仿真结果如图 7-9 至图 7-13 所示。

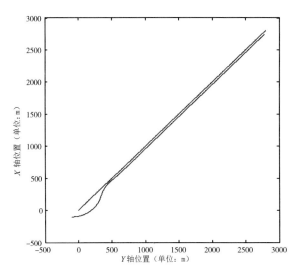

图 7-9 两架无人机的飞行轨迹

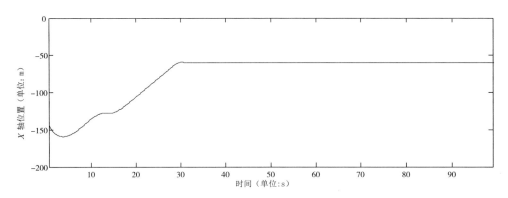

图 7-10 航迹坐标系下两机 X 轴的相对位置

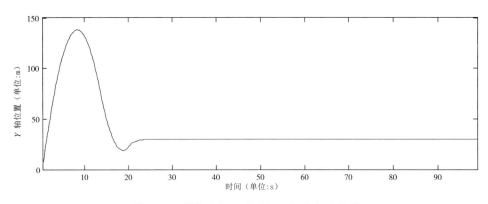

图 7-11 航迹坐标系下两机 Y 轴的相对位置

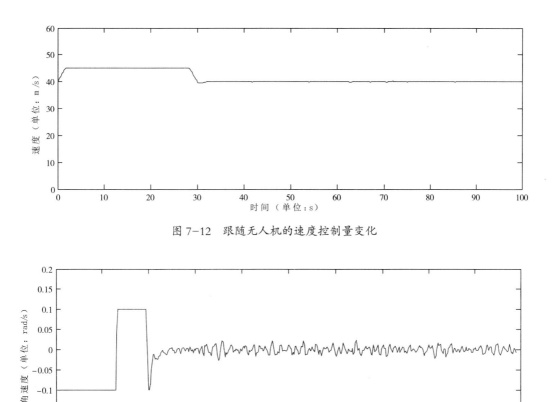

图 7-12　跟随无人机的速度控制量变化

图 7-13　跟随无人机的偏航角速度控制量变化

　　通过图 7-9 可以看出，在领航无人机进行直线导航的时候，通过本章的方法能够较好地实现编队控制。通过图 7-10 和图 7-11 可以看出，X 轴和 Y 轴均能在 40s 内实现编队队形的形成，能够满足实际需求。

7.3.2 领航无人机转弯飞行下的编队仿真

　　该仿真实验主要是测试领航无人机进行转弯飞行时的无人机编队飞行控制能力，领航无人机以与 X 轴的初始角度（即 0 度）进行直线运动 20s，然后以角速度 pi/200 运行至 100s，再以 Y 轴的方向进行直线运动，领航无人机的位置测量是在有误差的情况下进行的。采用本章的方法，预测时域 $N = 5$，采样间隔为 0.2s，无人机角速度变化率限制为（−0.1, 0.1），最小巡航速度和最大巡航速度为（35, 45），假定编队的跟随无人机和领航无人机在航迹坐标系下的理想相对位置为式（7-51）。

$$\begin{bmatrix} x_{dref} \\ y_{dref} \end{bmatrix} = \begin{bmatrix} -50 \\ -50 \end{bmatrix} \qquad (7\text{-}51)$$

那么初始情况下两机在航迹坐标系的相对位置为式（7-52）。

$$\begin{bmatrix} x_d \\ y_d \end{bmatrix} = \begin{bmatrix} \cos 0 & \sin 0 \\ -\sin 0 & \cos 0 \end{bmatrix} \begin{bmatrix} -100 \\ -100 \end{bmatrix} = \begin{bmatrix} -100 \\ -100 \end{bmatrix} \qquad （7-52）$$

采用 Matlab 的工具箱进行相应的仿真，仿真结果如图 7-14 至图 7-18 所示。

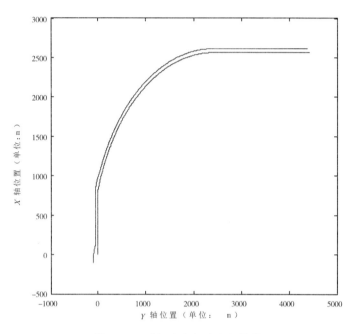

图 7-14　两架无人机的飞行轨迹

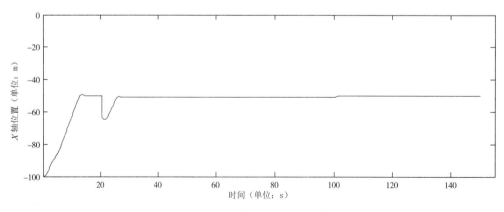

图 7-15　航迹坐标系下两机 X 轴的相对位置

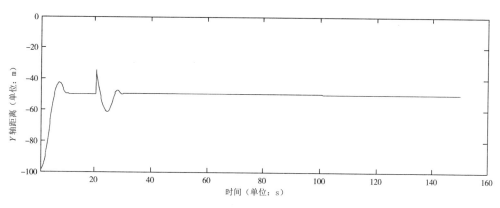

图 7-16　航迹坐标系下两机 Y 轴的相对位置

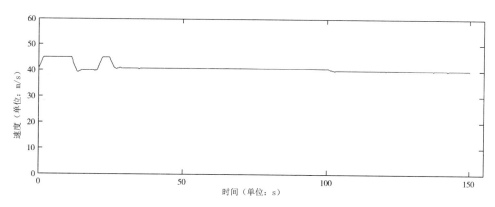

图 7-17　跟随无人机的速度控制量变化

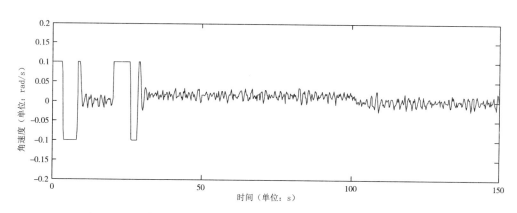

图 7-18　跟随无人机的偏航角速度控制量变化

通过图 7-14 可以看出，通过本章的方法，领航无人机不仅在直线飞行时能够较好地实现编队控制，而且拐弯时也能较好地实现编队控制。通过图 7-15 和图 7-16 可以看出，X 轴和 Y 轴均能在 40s 内实现编队的形成，满足实际需求。

同时，根据上述两种情景的无人机巡航的 Matlab 仿真实验过程来看，当采样间隔为 0.2s 时，在 PC 机运行一次滚动优化程序的仿真时间低于 0.2s。而如果采用高速的专用芯片运行，速度只会更快，显然能够满足控制的实时性要求。通过航迹坐标系下两机的 X 轴和 Y 轴的相对位置变化可以看出，无人机在 40s 内都能形成编队。通过仿真可以看出，采用基于多模型预测控制进行无人机巡航编队控制，既能达到控制要求，又能满足实时性要求。

7.4　本章小结

本章主要阐述了当环境中没有障碍物等危险因素的时候，采用领航跟随法，以领航无人机航迹坐标系为参考坐标系建立离散化的相对运动方程，然后获得系统的状态特征点。接着通过将状态点线性化建立多模型集，再借鉴 T-S 模糊控制器的思想提出了模型集加权方法。最后基于多模型的方法进行了预测控制，实现巡航编队控制器的设计，通过控制跟随无人机实现编队队形控制。

第 8 章
危险状态下的无人机编队运动控制策略

　　如上一章所述，当环境中没有障碍物等危险因素的时候，可以采用领航跟随法，由领航无人机带领编队向目标点运动。但当无人机编队在飞行中遇到山峰等障碍物或即将发生碰撞等危险的时候，此时队形的保持已不再重要，躲避危险成为首要任务。每架无人机个体均各自寻找最优或次优航路，避开障碍物，并在此过程中避免无人机之间的碰撞，等环境允许后再重新进行编队飞行。无论是障碍物躲避还是防碰撞，其目标均是确保编队系统中的每架无人机不会与环境中的静态障碍物（山峰等）和动态障碍物（其他无人机等）发生碰撞，使其安全飞行。

　　此时由于山峰等障碍物的存在，使无人机不能像在高空那样不必考虑撞地的可能，因此，只有精确的航迹规划才能使无人机实现地形跟随和地形回避，顺利通过障碍区。所以可以基于无人机多机协同航迹规划的思想，研究危险模式下无人机编队的避障问题。

8.1 危险状态下的航迹规划问题

航迹规划是以实现地形跟踪、地形回避和威胁回避飞行为目的的新一代低空突防技术，是指在特定的约束条件下，寻找运动体从初始点到目标点，满足某种性能指标最优的运动轨迹。目前在各种文献中能见到的航迹规划算法很多，这些航迹规划算法按照分层规划思想可以分成两大类：任务级航迹规划和战术级航迹规划。任务级航迹规划可以采用较粗糙的数字地图和简化的威胁模型，目的是获取参考航路，从而减少战术级航迹规划的搜索空间；而战术级航迹规划的实质是航迹优化。

如果按照规划决策的计算方法划分，航迹规划算法可分为最优式和启发式算法。最优式算法包括穷举法、动态规划、数学规划、梯度法、牛顿法等；启发式算法则包括启发式搜索、神经网络、模拟退火、遗传算法、专家系统等。另外，蚁群算法和粒子群算法也是这几年发展起来的方法。

无人机多机协同航迹规划是多架无人机协同作战中的关键技术，它是在无人机单机航迹规划的基础上，根据战场环境信息，综合考虑无人机导航精度和机动能力的限制，为无人机设计出既满足团队协同的要求，又使整体生存概率最高的飞行轨迹。

假设由 N 架无人机组成的编队在飞往一个给定的敌方目标区的途中遇到山峰等障碍区，或者需要从预先确定的不同方向对目标实施攻击，多无人机协同航迹规划的目的就是为每架无人机实时地生成一条航迹，保证无人机能够同时或依次到达各自的目标点，并尽量提高无人机的生存概率。这样生成的航迹对于每架单一的无人机来说不一定是最优的，有可能是次优甚至是第三、第四优的，但对于整个无人机编队来说，却必须是最优或近似最优的。

图 8-1 所示为由两架无人机组成的编队执行飞行任务的情形，两架无人机沿预定航线以预定编队队形飞行，当遇到障碍物时要求打乱队形，并对每架无人机的航迹进行重新规划，当通过障碍区后再重新进行编队飞行。图中的细曲线为无人机 2 到达目标点的最优航迹，粗线为新的系统最优航迹，它们保证整个无人机编队有相同的估计达到时间（Estimated Time until Arrival，ETA）。显然，单独对于无人机 2 来说，考虑到其飞行距离和生存概率等，新的航迹不是最优的。然而对于整个编队来说却是最优的，因为它保证了无人机 2 与无人机 1 同时到达目标区。

对于无人机多机协同航迹规划问题，近年来已有很多学者提出了规划算法。有学者利用层次分解的思想，构建了多无人机航迹规划的系统结构，并基于 Voronoi 图进行航迹规划研究；有学者采用概率路标图的方法对多无人机多任务的航路预估问题展开研究；还有学者提出了基于协同进化的多飞行器协调航迹规划方法，并进行研究。

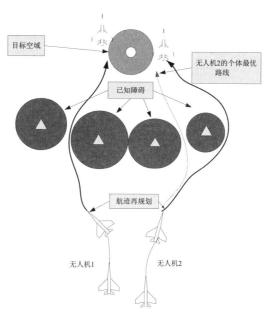

图 8-1　两架无人机绕过障碍物协同到达目标区

本章所研究的无人机编队在障碍区的协同航迹规划，目的是使编队中的无人机能顺利通过障碍区，而在飞行过程中的非障碍区或整个飞行过程的协同航迹规划，则是多无人机协同作战研究的另一个复杂内容，关于该方面的系统研究已超出了本章讨论范畴，因此不多做解释。考虑到障碍区具有地形复杂、威胁多，以及与整个执行任务的飞行距离相比路程相对较短等特点，本章提出采用层次分解策略进行无人机编队在危险模式下的避障研究。

 8.2　基于层次分解策略的无人机编队避障

层次分解策略就是利用整个无人机系统的控制结构，将航迹规划任务这个单一庞大的优化问题分解为多个小的、更容易解决的优化问题，如图 8-2 所示。在危险状态下，行为控制层负责航线规划，为每架无人机独立规划出各自的 K 条备选航线；任务管理层负责协同规划，引入协同变量和协同函数，在备选航线集合中为每架无人机选出既能满足编队协同要求，又使编队代价最小（次小）的航线。

由于编队无人机之间的任务管理层是信息联通的，而长机具有管理整个编队的职能，因此协同规划通常由长机的任务管理层来负责实施。最后由每架无人机的执行层的航路控制器负责对协同规划层选出的航线进行平滑处理，以满足无人机的力学约束，然后交予无人机的自动驾驶仪去实现跟踪飞行。

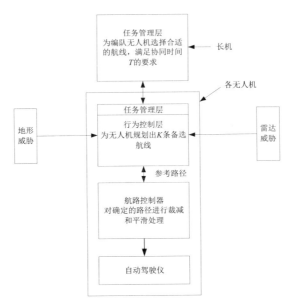

图 8-2　多无人机协同航迹规划避障系统

8.2.1 编队避障行为控制层设计

在危险状态下，行为控制层主要负责航迹规划。因为在编队协同时，某些无人机所规划出来的最优航迹并不一定能满足协同要求，还必须找到次优航迹、第三优航迹甚至更多航迹，即必须为每架无人机规划出各自的 K 条备选航线。实现过程如下：首先，根据山峰等威胁的布置情况绘出 Voronoi 多边形图；其次，用图论中的搜索方法搜索 Voronoi 多边形图中的各条边；最后，找出 K 条备选航线。

1.Voronoi 图的构建

为简化问题，在本章的避障研究中，不考虑无人机的高度控制，将避障问题简化为一个二维航迹问题，即不考虑无人机的地形跟随，仅考虑无人机的地形回避。假定障碍区域的地形环境可以通过卫星拍摄、地形勘测、雷达扫描以及其他技术手段获取，下面给出地形简化的方法。

无人机设定为等高度飞行时，由于气流扰动及燃油消耗等原因，并不是始终停留在给定的高度上飞行，而是以设定的飞行高度为基准，存在一个高度偏差变化量 Δ。结合无人机自身的性能以及执行任务时的天气、环境等情况，可以给出飞行过程中高度偏差的变化范围 $\Delta \in (-\Delta_{max}, +\Delta_{max})$。在获取高度变化量后，设给定的飞行高度为 h_0，将地图网格上所有高度高于（$h_0 - \Delta_{max}$）的地图网格点使用 "*" 来标注。为了保证飞行时的安全，防止无人机与山峰相撞，将标记点作为禁飞点，标记点附近的区域可视为禁飞区。为了更有效地记录禁飞区的位置、大小等状况，可以根据实际情况选用一系列适当半径的圆将禁飞区包含在内。若遇到连绵山峰的情况，可以使用几个边缘重叠的圆来表示。相邻的禁飞区以最贴近的圆包络，并记录该圆圆心及半径，不规则地形则由若干个圆叠加。

通过这种方法，可以将所有的禁飞区域包裹在圆形内部，如图 8-3 所示。之后，将禁飞区域记录到数据库，记录统一采用这样一种形式：(X, Y, R, V)，其中，X、Y 代表包含禁飞区域的圆的中心坐标，R 代表半径，V 代表对飞机构成的威胁程度，本章将其取为无穷大（∞），以表示不可飞越。

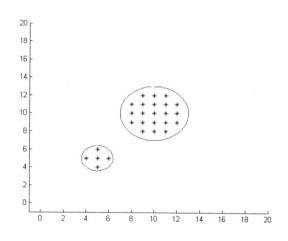

图 8-3　二维地图禁飞区域标注

Voronoi 图是计算几何学中的一种重要几何结构。对于平面图中的一个点集 P，P_x 是其中的任意点，则平面上包围所有到 P_x 的距离小于到 P 中其他点的距离的点的边组成的多边形称为 P_x 的 Voronoi 多边形，P 中所有的 Voronoi 多边形组成的图就称为 Voronoi 图，可以简述为任意相邻两点连线段的垂直平分线组成 Voronoi 图。

借助 Voronoi 图的思想，将地形威胁点作为母点，构建 Voronoi 图，如图 8-4 所示。

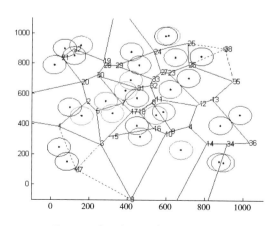

图 8-4　建立威胁场中的 Voronoi 图

Voronoi 图在构造过程中没有涉及无人机的起始点及目标点的方位。为了制定出一条连接起始点及目标点的初始航路，可把起始点及目标点简单地与 Voronoi 图中三个最近的多边形顶点相连，如图 8-4 中的虚线所示。这样使起始点和目标点与威胁场 Voronoi 图形成一个从起点到目标点的有向图，经过这样的处理，在 Voronoi 图中可找出若干条能够从起始点到达目标点的航路。

无人机航路规划就是要寻找飞行代价最小的路径，一般考虑两个方面的代价：一是油耗限制，二是威胁场中各个威胁点对无人机的威胁。因此航路段代价的值遵循以下原则：

若 $\overline{P_iP_j}$（i，j=1，2，$\cdots$，n，$i \neq j$）经过任何一个威胁，则该段航路的代价定义为无穷大，即 $W_{ij} = +\infty$；

若 $\overline{P_iP_j}$（i，j=1，2，$\cdots$，n，$i \neq j$）不经过任何一个威胁，则该段航路的代价综合考虑距离代价 W_{Lij} 和威胁代价 W_{Tij}，即有式（8-1）。

$$W_{ij} = kW_{Lij} + (1-k)W_{Tij} \qquad (0 \leq k \leq 1) \tag{8-1}$$

其中，k 为安全性能与距离的权重系数。

对于 W_{Lij}，当无人机以某一规定速度飞行时，油耗代价与航程成正比，因此可简单地认为有关系式（8-2）。

$$W_{Lij} = L_{ij} \tag{8-2}$$

其中，L_{ij} 为该段的航路距离。

对于 W_{Tij}，表明无人机在该段航路飞行时受到的威胁程度。假设威胁为山峰，则可将威胁代价取为式（8-3）。

$$W_{Tij} = \frac{L_{ij}}{\exp[\min(d_i, d_j, d_{ij})/L_{ij}] - 1} \tag{8-3}$$

其中，d_i（d_j）为可行节点 P_i（P_j）到所有威胁的最短距离，d_{ij} 为可行节点 P_i 到可行节点 P_j 的航路到所有威胁的最短距离。当 d_i、d_j 和 d_{ij} 的最小值趋于 0 时，说明有某一个威胁距离趋于 0 或航路段即将撞到山峰，此时 W_{Tij} 趋于无穷大。

为防止航迹迂回，有向图航路段的方向指向目标点方向，而与目标点方向相反的航路的代价定义为无穷大，即 $W_{ij} = +\infty$。

至此，有向赋权图构造完毕。

2. K 路径规划

在为编队无人机规划障碍物规避航线时，必须为每架无人机规划出各自的 K 条备选航线，而 K 短路径问题和 K 短路径规划是解决此问题的关键。

K 路径也称为 K 最优路径，表示从起始点到目标点的 K 条路径，这 K 条路径长度（代价）依次增加，第 m 条路径（$m \leqslant K$）表示除了第一条到第 $m-1$ 条路径的长度比第 m 条路径短以外，再也找不到比第 m 条更短的路径了。

关于 K 最优路径问题的研究有很多，也有了许多相关算法。例如，最直接的基于 Dijkstra 算法的"删边法"、基于改进 Dijkstra 算法的第 K 短路径算法、基于"替代路径"和"背离路径"的 K 路径算法，以及 Eppstein 提出的 K—路径算法等。

Eppstein 提出的 K—路径算法就是基于 Voronoi 图，在图中给定的两点之间寻找 K 条最短路径，且允许有环路，即同一节点可以在路径中出现两次，可使此求解问题简单很多。该算法充分利用计算机堆栈数据结构的技巧，能够同时计算出两个节点之间的 K 条路径，实际上是找到了从起始点到某一目标点的 K 条长度依次递增的路径。该算法具有计算速度快，能满足实时性要求的特点，因此本章采用 Eppstein 提出的 K—路径算法来寻找多条备选路径，然后在任务管理层中为各无人机确定合适的航线。K 值由具体情况而定。

8.2.2 编队避障任务管理层设计

在航线规划层，我们得到了每架无人机独立的 K 条备选航路，但并未考虑整个无人机编队的代价以及编队协同要求。任务管理层的任务就是在备选航线集合中为每架无人机选出合适的航线，既能使编队代价最小（次小），又满足编队协同的要求。

在多架无人机执行任务时，协同问题包括多架无人机的空间协同和时间协同两个方面。然而对于本章所讨论的情况，即编队无人机绕过障碍区后到达前方同一区域内，然后继续编队飞行，不存在多目标分配问题，也允许多架无人机经过一段相同的航迹，因此不需要讨论空间协同的问题。所以对于任务管理层来说，最重要的问题是编队无人机的时间协同问题。

时间协同一般分为三种情况，即同时到达、严格依次到达和松散依次到达，为说明问题和简化研究，本章只研究同时到达的情况。采用 K 路径算法与无人机速度控制相结合的办法，即利用 K 路径算法，为每架无人机规划出 K 条路径，如果其最短路径经过速度控制还无法满足时间的协同需求，则直接选用一条次优的航迹来取代原来规划的航迹；如果次优的航迹仍然不能满足要求，则选用第三优的路径，以此类推，直到找到满足条件的路径为止。

假定无人机的速度有一定的变化范围，为 $V \in [V_{\min}, V_{\max}]$，则无人机沿第 i 条路径飞行时的到达时间的变化范围为 $t \in [L_i / V_{\max}, L_i / V_{\min}]$。对于第 i 架无人机的 K 条航线，其预计到达目标的时间则是 K 个时间范围的并集 S_i，如式（8-4）。

$$S_i = [L_1/V_{max}, L_1/V_{min}] \bigcup [L_2/V_{max}, L_2/V_{min}] \bigcup \cdots \bigcup [L_k/V_{max}, L_k/V_{min}] \qquad (8\text{-}4)$$

对于 N 架无人机组成的编队，则有一个时间交集 S，如式（8-5）。

$$S = S_1 \bigcap S_2 \bigcap \cdots \bigcap S_N \qquad (8\text{-}5)$$

设 $T_a \in S$，则每架无人机都存在对应于到达时间为 T_a 的航路，T_a 的选择和采用可以使多架无人机的协同成为可能，因此 T_a 被称为协同变量。

接下来，定义 $P_i(T_i) = \{p(t): 0 \leqslant t \leqslant T_i\}$，表示第 i 架无人机的飞行航线，飞行时间为 T_i，则可重新定义此条航线的代价为式（8-6）。

$$W(P_i(T_i)) = \lambda W_i + (1-\lambda) T_i \qquad (8\text{-}6)$$

其中，λ 为权重系数，W_i 是在行为控制层得到的该条航线的代价。对于固定的一条航线，代价 W_i 只与 T_i 有关，因此，$W(P_i(T_i))$ 可称为协同函数。对于每一条路径 P_i，其飞行时间和航路点不同，代价 W_i 也随之变化，代价 W_i 与协同时间的关系如图 8-5 所示。

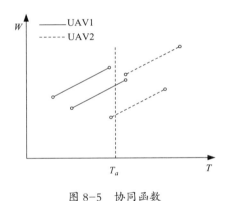

图 8-5　协同函数

于是，N 架无人机组成的飞行编队总代价函数可表示为式（8-7）。

$$W = \min \sum_{i=1}^{N} W(P_i(T_i)) \qquad (8\text{-}7)$$

任务管理层首先在行为控制层所获得的备选航线的基础上，求出 N 架无人机预计到达目标的时间交集 S，作为协同变量 T_a 的取值区间，然后将 S 传给每一架无人机。每架无人机根据获得的 S 计算出各自的 K 条备选航线的协同函数，并把协同函数传递给任务管理层。任务管理层在 N 组协同函数中求出满足要求的 T_a，然后传给每架无人机，每架无人机根据 T_a 求出各自的航线和速度。这样就确定了每架无人机既能满足时间协同的要求，又使编队代价最小（次小）的飞行航线和速度，如图 8-6 所示。

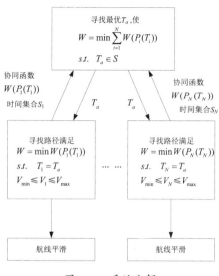

图 8-6　系统分解

8.2.3 编队避障航路控制器设计

通过行为控制层和任务管理层的航线规划和协同规划，得到了整体代价最小（次小）的各无人机的飞行航线和飞行速度，然后传给执行层。但没有考虑无人机的动力学性能条件，无人机不一定能沿着选中的航线飞行。因此航路控制器的任务就是对协同规划层选出的航线进行平滑处理，形成可飞航迹，满足无人机的最大机动约束。

一般来说，无人机飞行航迹的约束主要有以下几条。

（1）不超出无人机工作的物理极限，如速度、俯仰角、滚转角的变化范围。

（2）不超出无人机工作的负荷极限，如最大法向过载等。

（3）不违反具体任务参数。

在此主要考虑最大水平转弯角和最大法向过载两个约束条件，将圆弧拟合思想引入轨迹平滑处理中，对参考航迹进行修正。

第 1 步：修正后的平滑飞行航迹必须保证参考轨迹上每个折点处的曲率满足过载限制，利用式（8-8）可以得到无人机的最小转弯半径。

$$R_{\min} = \frac{V_{\min}^2}{g \cdot \sqrt{n_{y\max}^2 - 1}} \tag{8-8}$$

其中，$V_{\min}$ 为无人机的最小飞行速度，$n_{y\max}$ 为无人机最大法向过载。圆弧拟合的结果需要使拟合后的曲线满足无人机转弯半径限制，如图 8-7 所示。

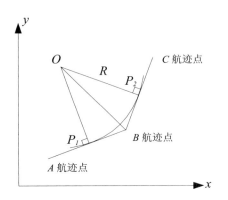

图 8-7　拟合示意图

在图中，A、B 和 C 为航迹段的端点，且三者坐标已知，在 $\angle ABC$ 的角平分线上取点 O，以半径 R（$R \geqslant R_{\min}$）作弧，与线段 AB、BC 相切于 P_1、P_2 点，则可以求出线段 P_1B 和 P_2B 的长，如式（8-9）。

$$\frac{|\overline{P_1B}|}{|\overline{AB}|} = \lambda_1 \qquad (8\text{-}9)$$

第 2 步：求出 P_1 点的坐标，如式（8-10）。

$$P_1 = (1 - \lambda_1)B + \lambda_1 A \qquad (8\text{-}10)$$

第 3 步：按同样的方法求出 P_2 点的坐标。

经过上述三个步骤，就得到了既满足无人机的动力学约束，又能保证同时到达目标区域，且代价最小（次小）的可飞航线。然后交给无人机的自动驾驶仪去执行，实现无人机编队协同通过障碍区。

8.3 特殊情况下的无人机通行规则

通过 8.2.3 小节的几个步骤，已经可以在比较复杂的静态环境中规划出适合编队协同的无碰撞航线了。但是在无人机编队系统中，无人机除了要面对静态环境外，还要协调好与其他无人机的相对运动。

当无人机数量相对较少且障碍比较单一的时候，8.2.3 小节的方法是比较令人满意的。但是当无人机数量较多且面临复杂环境的时候，对于编队中的无人机个体来说，有可能规划出数条相同或交叉的航迹，且有相同的时间要求，即有可能要求无人机在相同的时间出现在相同的地点，这样将会发生碰撞冲突。为避免这种情况，综合考虑人类社会地面、空中交通规则以及多 Agent 系统避碰规则，本节对编队无人机在飞行过程中的特殊情况提出了"通行规则"，用以解决无人机在避障飞行过程中有可能产生的碰撞冲突问题，弥补算法的不足。

通行规则可以定义为作用于移动物体和工作环境的某种形式的秩序，本章在综合考虑多架无人机在障碍区有可能发生的情况后，给出了在特殊情况下确保安全的通行规则，如表 8-1 所示。

表 8-1　特殊情况下的无人机通行规则

交通规则	如何应用于实际无人机系统
长机优先原则	两架无人机同时到达某路径入口处时，长机或序号靠前的无人机具有优先通过权
上方通行原则	① 与前方无人机保持足够距离，如需超越，则必须从上方超越； ② 如果两架无人机同时到达交叉路口，则序号靠前的无人机从上方通过
右侧通行原则	① 当无人机 R 的正前方有一架无人机，运动方向与 R 相对时，如果 R 右侧有足够的空间，则无人机 R 向右转一定的角度； ② 如果两架无人机右侧均无足够空间，则序号靠前的无人机遵循上方通过原则，从上方通过

8.4　仿真实验

在危险状态下，编队无人机打乱编队队形，进行障碍物躲避。还是以两机编队为例，设无人机在障碍区的飞行速度范围为 [160m/s，220m/s]。

1. 初始点一致（即编队距离较小，可近似认为一致）

设初始点为点 37，目标点为点 38，K 值取 3 时，可以得到仿真结果，如图 8-8 所示。首先在行为控制层为两架无人机分别找到 3 条最优路径，计算各自的时间集合，然后在任务管理层确定协同时间为 2 小时，同时由各协同函数计算系统整体航迹代价，并为各无人机选择路径与飞行速度。

其中长机选择的是第二短路径，其航路点为 37 → 6 → 15 → 17 → 18 → 8 → 11 → 32 → 33 → 27 → 23 → 26 → 25 → 38，航线长度为 1320km，飞行速度为 183.3m/s；僚机选择的是第一短路径，航路点为 37 → 6 → 15 → 17 → 18 → 8 → 11 → 12 → 13 → 35 → 38，航线长度为 1300km，飞行速度为 180.5m/s。两架无人机同时到达目标点。

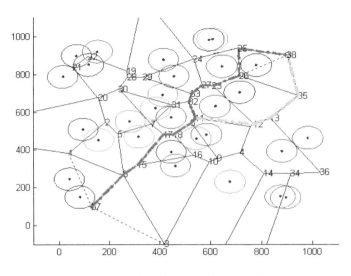

图 8-8 初始点一致（单位：km）

2. 初始点不一致（即编队距离较大，或还未形成编队）

设长机初始点为点 37，僚机初始点为点 1，目标点为点 38，K 值取 3 时，可以得到仿真结果，如图 8-9 所示。

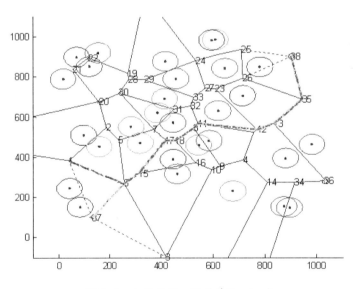

图 8-9 初始点不一致（单位：km）

首先在行为控制层为两架无人机分别找到 3 条最优路径，计算各自的时间集合，然后在任务管理层确定协同时间为 2 小时，同时由各协同函数计算系统整体航迹代价，并为各无人机选择路径与飞行速度。其中长机选择的是第一短路径，其航路点为 37 → 6 → 15 → 17 → 18 →

$8 \to 11 \to 12 \to 13 \to 35 \to 38$，航线长度为 1300km，飞行速度为 180.5m/s；僚机选择的也是第一短路径，航路点为 $1 \to 6 \to 15 \to 17 \to 18 \to 8 \to 11 \to 12 \to 13 \to 35 \to 38$，航线长度为 1340km，飞行速度为 186.1m/s。两架无人机同时到达目标点。

 ## 8.5　本章小结

　　编队控制是指多架无人机在完成任务的过程中保持某种既定有利队形，同时又要适应环境约束的控制技术。本章针对无人机编队在飞行中遇到山峰等障碍物或即将发生碰撞等危险的情形，通过多无人机协同航迹规划，研究危险状态下无人机编队的避障问题。

　　在危险状态下，利用层次分解策略，将无人机编队的整体最优航迹的求解分为三个层次，即构建 Voronoi 图；利用 K 路径算法为各无人机找到 K 条备选航路；然后建立协同函数和协同变量，为各无人机规划出既能满足时间协同要求，又能满足整体代价最优（次优）的障碍物躲避航迹。

　　此外，又针对有可能出现的几种特殊情况，提出了无人机编队飞行通行规则，用以解决无人机在避障飞行过程中有可能产生的碰撞冲突问题。

第 9 章
单无人机目标跟踪飞行控制策略

通过第 1 章的分析可知，多无人机协同作战分为编队巡航飞行和目标跟踪飞行两个阶段。编队巡航飞行阶段决定了多无人机能否顺利到达目标区域，和执行任务后能否顺利返航，是编队能否进行更长距离飞行的保证。而目标跟踪飞行阶段决定了多无人机协同目标跟踪的精度和任务成功率，对获取跟踪信息的连续性起着关键作用。

单无人机目标跟踪系统的控制方法是实现多无人机目标跟踪飞行控制的基础。单无人机目标跟踪系统主要解决无人机自身的姿态控制、自主导航控制、目标跟踪控制等问题。

由于无人机姿态控制器和导航控制器的研究相对比较成熟，因此为了保证研究的完整性，本章首先对姿态控制器和导航控制器进行相应的介绍，然后重点研究单无人机目标跟踪飞行控制器。现有的无人机目标跟踪控制器的设计，是以李亚普诺夫向量场的方法为主的。使用该方法设计的控制器，当目标采取机动后，需要重新设计控制率，可能导致跟踪失败，而且该方法没有考虑到目标的测量误差。

为了进一步提高控制精度，本章首先建立了无人机目标跟踪相对运动模型，然后采用预测控制进行控制，通过预测目标的将来位置来提高系统的控制精度。但由于无人机目标跟踪相对运动控制模型是一个非线性多输入、单输出系统，非线性预测控制器求解很困难，而用数值方法在线求解计算量大，难以在有限的采样周期内完成，故阻碍了非线性预测控制的实际应用，因此如何提高非线性滚动优化的实时性是一个重要问题。为了解决预测的实时性问题，本章在借鉴阶梯式预测控制的基础上，提出了基于模糊阶梯式预测的控制方法，从而实现了无人机目标跟踪控制。

9.1 单无人机目标跟踪控制系统设计思路

单无人机目标跟踪控制系统主要包括姿态保持模块、导航控制模块和目标跟踪控制模块，所以需要分别对这三个模块进行设计。

要设计无人机姿态保持模块，应先建立无人机运动的数学模型，并对其动态特性进行分析。运动中的无人机是一个复杂的动力学系统，它的运动特性受到各种因素的影响，在设计过程中为了简化数学模型，通常会作一些假设，得到无人机刚体运动的数学模型。但是无人机运动模型是一个高阶非线性模型，对非线性模型进行线性化也是实现控制的一个重要内容。

在进行线性化后，可以分析无人机运动方程中的相互联系，从而将无人机运动分为横侧向运动和纵向运动，然后对横侧向运动和纵向运动分别进行控制率设计。纵向通道可以稳定地控制无人机的俯仰角、高度和速度；横侧向控制通道可以稳定地控制无人机的偏航角速度和侧偏距。

在完成姿态保持控制后，在其基础上进行自主导航算法的设计，自主导航主要包括两个方面的功能，即按照预定航线飞行功能和航线切换功能。当无人机发现目标后，应该切换到目标跟踪控制模块，目标跟踪控制主要是根据目标的位置，不断地调整无人机的控制机构来控制无人机，使无人机和目标保持固定的距离。因为对于无人机巡航的导航过程和目标跟踪控制来说，其高度基本可以保持不变，因此本章在研究中默认其在同一高度飞行。

无人机导航控制器结构如图 9-1 所示，单无人机目标跟踪控制器结构如图 9-2 所示，其中 v 和 ω 是无人机的速度和偏航角速度。

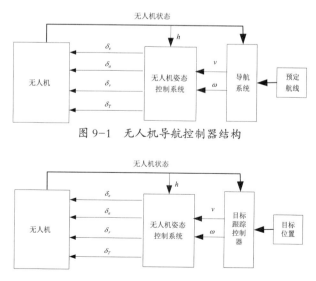

图 9-1 无人机导航控制器结构

图 9-2 单无人机目标跟踪控制器结构

9.2 无人机飞行姿态控制

为了实现对无人机飞行姿态的控制，首先需要建立无人机运动模型，然后对一些非线性问题进行线性化，最后设计相应的姿态控制器。

9.2.1 无人机运动模型

在假定相关条件的基础上建立无人机运动方程。

1. 相关假定及运动参数

运动中的无人机是一个极其复杂的动力学系统，它的运动特性受到各种因素的影响，如机体弹性变形、飞机的旋转部件、重量随时间的变化以及大气的运动等。此外，地球是一个旋转的球体，不仅存在离心加速度和哥氏加速度，而且重力加速度也随高度的变化而变化，因此本小节做以下假设。

（1）无人机为刚体，并且质量及其分布是不变的。

（2）地球坐标轴系为惯性坐标系。

（3）重力加速度和大气密度恒定。

（4）忽略地球曲率，采用"平面地球假设"。

（5）无人机不仅几何外形对称，而且内部质量分布也对称，机体坐标轴系中的 OXZ 是一个对称平面，即惯性积 Ixy、Izy 为零。

无人机的运动参数就是完整描述其运动所需要的变量，只要这些参数确定了，无人机的运动也就唯一确定了。因此，可以把无人机的运动参数看成是飞行自动控制系统中的被控量。无人机的运动参数如图 9-3 所示。

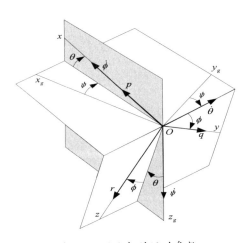

图 9-3　无人机的运动参数

无人机的姿态角是由机体坐标轴系与地面坐标轴系之间的关系确定的，即通常所指的欧拉角。

（1）偏航角 ψ：机体轴 X 在地平面上的投影与地轴 X_g 之间的夹角，以机头右偏航时为正。

（2）俯仰角 θ：机体轴与水平面的夹角，以机头抬头时为正。

（3）滚转角 Φ：机体轴 Z 与通过机体轴 X 的铅垂平面之间的夹角，以无人机右滚时为正。

气流角又称气动角，是由飞行速度矢量与机体坐标轴系之间的关系确定的。

（1）迎角 α：飞行速度向量 V 在无人机对称平面内的投影与机体轴 X 之间的夹角，V 的投影在机体轴 X 下面时为正。

（2）侧滑角 β：飞行速度向量 V 与无人机对称平面之间的夹角，V 的投影在对称平面右边时为正。

无人机的航迹角是由气流坐标轴系与地面坐标轴系之间的关系确定的。

（1）航迹倾斜角 μ：飞行速度矢量 V 与水平面的夹角，以无人机向上飞时为正。

（2）航迹方位角 φ：飞行速度矢量 V 在水平面上的投影与地轴 X_g 之间的夹角，投影在 X_g 右侧时为正。

（3）航迹滚转角 γ：速度轴 Z_a 与通过速度轴 X_a 的铅垂面之间的夹角，无人机向右滚转时为正。

另外，还有如下常用的变量符号。

（1）u、v、w：无人机在静止空气中的飞行速度向量在机体坐标轴系中的分量。

（2）p、q、r：无人机角速度在机体坐标轴系中的分量，分别为滚转角速度、俯仰角速度和偏航角速度。

（3）D、L、C：无人机所受空气动力在机体坐标轴系中的分量，分别为阻力、升力和侧力。

（4）L、M、N：无人机所受空气动力矩在机体坐标轴系中的分量，分别为滚转力矩、俯仰力矩和偏航力矩。

（5）T：无人机发动机的推力。

（6）m：无人机及其载荷的质量。

2. 无人机运动方程

无人机在外力作用下的运动规律一般是用运动方程来描述的，即应用微分方程的形式描述无人机的运动和状态参数随时间的变化规律。无人机的运动方程通常又可分为动力学方程和运动学方程，动力学方程以牛顿第二定律为基础建立，运动学方程通过坐标变换得出。

在惯性参考系中应用牛顿第二定律可以建立飞行器在外合力 F 作用下的线运动方程和合力矩 M 作用下的角运动方程。以机体坐标系为动坐标系，建立动力学方程式（9-1）。

$$\begin{cases} F_x = m(\dot{u} + wq - vr) \\ F_y = m(\dot{v} - ur - wp) \\ F_z = m(\dot{w} + vp - uq) \\ L = \dot{p}I_x - \dot{r}I_{xz} + qr(I_z - I_y) - pqI_{xz} \\ M = \dot{q}I_y + pr(I_x - I_z) + (p^2 - r^2)I_{xz} \\ N = \dot{r}I_z - \dot{p}I_{xz} + pq(I_y - I_x) + qrI_{xz} \end{cases} \quad (9\text{-}1)$$

为了描述无人机相对于地面的运动，由动坐标系（机体坐标系）和地面坐标系之间的关系得到运动学方程式（9-2）。

$$\begin{cases} \dot{x}_g = u\cos\theta\cos\psi + v(\sin\phi\sin\theta\cos\psi - \cos\phi\sin\psi) + w(\sin\phi\sin\psi + \cos\phi\sin\theta\cos\psi) \\ \dot{y}_g = u\cos\theta\sin\psi + v(\sin\phi\sin\theta\sin\psi + \cos\phi\cos\psi) + w(-\sin\phi\cos\psi + \cos\phi\sin\theta\sin\psi) \\ \dot{h} = u\sin\theta - v\sin\phi\cos\theta - w\cos\phi\cos\theta \\ \dot{\phi} = p + (r\cos\phi + q\sin\phi)\tan\theta \\ \dot{\theta} = q\cos\phi - r\sin\phi \\ \dot{\psi} = (r\cos\phi + q\sin\phi)/\cos\theta \end{cases} \quad (9\text{-}2)$$

9.2.2 非线性模型线性化

从上面的各个方程来看，无人机的一般运动方程是一组复杂的非线性微分方程组，不利于分析构形参数与运动稳定性、操纵性等的内在联系，如果直接进行控制律设计会非常复杂。除此之外，线性化的运动方程更适合以成熟的线性系统控制理论为基础，进行飞行控制系统的设计。因此，在分析无人机的构形参数与飞行稳定性和操纵性之间的关系，以及设计飞行控制系统之前，将无人机方程进行线性化处理的方法成为目前在实际工程中广泛应用的重要方法之一。现有的方法有小扰动法、非线性动态解耦 Singh 算法、线性二次型方法、奇异摄动方法、系统特征结构配置方法及高增益串联解耦等方法。小扰动法是非线性方程线性化的一种方法，使用它得到的方程为小扰动方程。

基于小扰动原理，将运动方程分解为纵向和横侧向运动方程，得到纵向小扰动状态方程组，见式（9-3）。

$$\begin{bmatrix} \Delta\dot{w} \\ \Delta\dot{u} \\ \Delta\dot{q} \\ \Delta\dot{\theta} \end{bmatrix} = \begin{bmatrix} X_u & X_w & 0 & -g \\ Z_u & -Z_w & u_o & 0 \\ M_u+M_wZ_u & M_w+M_{\dot{w}}Z_w & M_q+M_{\dot{w}}u_o & 0 \\ 0 & 0 & 1 & 0 \end{bmatrix} \begin{bmatrix} \Delta u \\ \Delta w \\ \Delta q \\ \Delta\theta \end{bmatrix} +$$

$$\begin{bmatrix} X_{\delta_e} & X_{\delta_T} \\ Z_{\delta_e} & Z_{\delta_T} \\ M_{\delta_e}+M_wZ_{\delta_e} & M_{\delta_T}+M_wZ_{\delta_T} \\ 0 & 0 \end{bmatrix} \begin{bmatrix} \Delta\delta_e \\ \Delta\delta_T \end{bmatrix} \tag{9-3}$$

以及横侧向小扰动状态方程组，见式（9-4）。

$$\begin{bmatrix} \Delta\dot{\beta} \\ \Delta\dot{p} \\ \Delta\dot{r} \\ \Delta\dot{\phi} \end{bmatrix} = \begin{bmatrix} \dfrac{Y_\beta}{u_o} & \dfrac{Y_p}{u_o} & -(1-\dfrac{Y_r}{u_o}) & \dfrac{g\cos\theta_o}{u_o} \\ L_\beta & L_p & L_r & 0 \\ N_\beta & N_p & N_r & 0 \\ 0 & 1 & 0 & 0 \end{bmatrix} \begin{bmatrix} \Delta\beta \\ \Delta p \\ \Delta r \\ \Delta\phi \end{bmatrix} + \begin{bmatrix} 0 & \dfrac{Y_{\delta r}}{u_o} \\ L_{\delta a} & L_{\delta r} \\ N_{\delta a} & N_{\delta r} \\ 0 & 0 \end{bmatrix} \begin{bmatrix} \Delta\delta_a \\ \Delta\delta_r \end{bmatrix} \tag{9-4}$$

9.2.3 姿态控制器的设计

由于关于无人机姿态控制的研究较多且较为成熟，具体控制系统的设计与实现同无人机的类型密切相关，因此成为无人机系统研究中的另一个复杂内容。其设计方法与一般飞机的飞行控制较为类似，本章不对其作重点阐述，仅针对目标跟踪和巡航编队的要求，设计一种无人机姿态控制的自动驾驶仪，其功能原理如图 9-4 所示。由图可知，纵向控制通道可以稳定与控制无人机的俯仰角、高度和速度；横侧向控制通道可以稳定与控制无人机的偏航角速度和侧偏距。

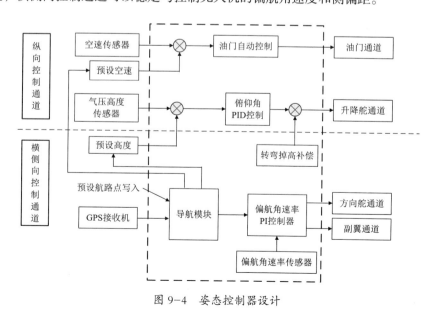

图 9-4　姿态控制器设计

在图 9-4 中，无人机的纵向控制通道是由升降舵和油门通道组成的一个控制回路，具有定高和定速等控制功能。在纵向控制通道中，俯仰角速度反馈构成增稳回路，偏航角速度构成转弯高度补偿，俯仰角控制回路构成纵向通道的核心控制回路——内回路。

高度控制器在俯仰角内回路的基础上构成外回路，在无人机进行定高飞行时接入。在编队和目标跟踪飞行控制中，高度保持可以采用升降舵控制，一般保持不变，速度保持则可以由油门控制实现。

横侧向运动是通过控制副翼和方向舵来实现的，具有航向控制、偏航增稳控制、转弯控制和航迹控制功能。方向舵回路主要用来增加荷兰滚阻尼。副翼回路以偏航角速度控制为内回路，侧偏距控制为外回路，利用副翼的偏转调节偏航角速度，进而控制侧偏距。

9.3 无人机自主导航控制

自主导航功能主要包括航线跟踪和航线切换，也是一个应用较为广泛的功能，本节简要概述其原理。

9.3.1 航线跟踪

假定无人机在 W_{p1} 和 W_{p2} 航路点组成的航线上水平飞行，速度保持恒定，其中偏航角为 ψ，航线夹角 ψ_{12}，导航坐标系 XOY，航线跟踪坐标系为 $X_{track}OY_{track}$，如图 9-5 所示。

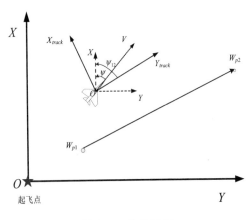

图 9-5　导航控制

由于按照预定航线飞行时 ψ_{12} 为固定值，根据坐标系之间的转换关系可得表达式（9-5）。

$$\begin{cases} \dot{X}_{track}(t) = V_{track_x} \\ \dot{Y}_{track}(t) = V_{track_y} \\ \dot{\psi}(t) = r_c \end{cases} \quad \text{其中} \quad V_{track} = \begin{bmatrix} \cos(\pi/2 - \psi_{12}) & \sin(\pi/2 - \psi_{12}) \\ -\sin(\pi/2 - \psi_{12}) & \cos(\pi/2 - \psi_{12}) \end{bmatrix} V \quad (9\text{-}5)$$

航线跟踪通过控制偏航角速度消除误差 E，如图 9-6 所示。采用几何方法计算误差量，经过控制在 C 点进入指定航线，C 点的位置由 k 值决定，k 值为 0~0.5 时航线跟踪效果较好。

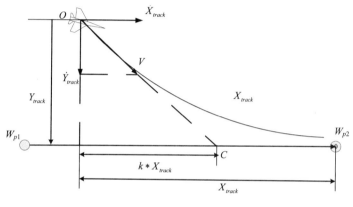

图 9-6　误差计算原理

那么误差 $E = kX_{track}$　$\dot{Y}_{track} - \dot{X}_{track}$　$Y_{track} = 0$，采用 P 控制，$r_c = K_p E$ 即可实现航线跟踪。

9.3.2 航线切换

航线切换的方式主要有三种：按提前转弯量过线切换、过线切换和进圆切换，如果飞行器到达了可以切换航点的位置，则进行航点切换，即把下一个航点设置为目标航点。在航线切换时，为了尽量减小飞机从一段航路过渡到另一段航路时可能产生的偏离，一般最常用的是按提前转弯量过线切换，这样可以减小超调量。提前转弯量根据两段航路的夹角而定，可以用以下方法计算：根据飞机可能达到的最大空速（V_{max}）和最大滚转角（γ_{max}），得到飞机的协调转弯半径，如式（9-6）。

$$R = V_{max}^2 /(g \times \tan \gamma_{max}) \varphi \quad (9\text{-}6)$$

在航线改变处，通过作半径大于或等于 R 的两段航迹的内切圆，以切点到目标航点的距离 R_c 为半径、目标航点为圆心的圆为从当前目标航线过渡到后一航线的航线切换范围。在无人机到达目标航点或航线切换范围时开始转弯，然后将后一航线作为当前目标航线，否则继续原来的目标航线。航线切换原理如图 9-7 所示。

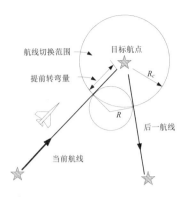

图 9-7　航线切换原理

 基于模糊阶梯式的单无人机目标跟踪预测控制

在建立单无人机目标跟踪运动模型的基础上，进行单无人机目标跟踪运动离散模型及预测控制分析、指标优化和滚动优化求解。

9.4.1 单无人机目标跟踪的运动模型

由于目标和无人机都是运动的，必须要有一个运动调节机制，因此需要建立一个参考坐标系，使不同无人机和目标位于参考点不同的相对位置，然后建立相对运动方程。本章采用地面坐标系作为参考坐标系，对无人机协同目标跟踪飞行进行运动建模，然后提出相应的控制方法进行运动控制，从而形成一定的跟踪航线。假定无人机进行目标跟踪时在同一高度平飞，可以将其投影到二维平面进行研究，具体的运动分析如图9-8所示。

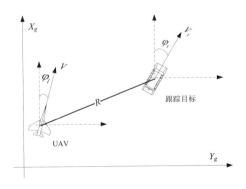

图 9-8　单机目标跟踪相对运动

图中 v_t 为运动目标的速度，其与地面坐标系 X 轴的夹角为 φ_t，v_l 为 UAV 的运动速度，其与地面坐标系 X 轴的夹角为 φ_l，ω_l 为无人机的偏航角速度。

如果以 x_l，y_l 为无人机的横纵向坐标，以 x_t，y_t 为运动目标的横纵向坐标，对无人机进行运动建模，则有式（9-7）。

$$\begin{cases} \dot{x}_l = v_l \cos(\varphi_l) \\ \dot{y}_l = v_l \sin(\varphi_l) \\ \dot{\varphi}_l = \omega_l \end{cases} \tag{9-7}$$

对目标进行运动建模，则有式（9-8）和式（9-9）。

$$\dot{x}_t = v_t \cos(\varphi_t) \tag{9-8}$$

$$\dot{y}_t = v_t \sin(\varphi_t) \tag{9-9}$$

UAV 与目标的距离可以用公式（9-10）计算。

$$r = \sqrt{(x_l - x_t)^2 + (y_l - y_t)^2} \tag{9-10}$$

令 $D = r^2 = (x_l - x_t)^2 + (y_l - x_t)^2$，那么有式（9-11）。

$$\dot{D} = 2(x_l - x_t)(v_l \cos\varphi_l - v_t \cos\varphi_t) + 2(y_l - y_t)(v_l \sin\varphi_l - v_t \sin\varphi_t) \tag{9-11}$$

即得到相应的运动方程式（9-12）。

$$\begin{bmatrix} \dot{x}_l \\ \dot{y}_l \\ \dot{\varphi} \\ \dot{D} \end{bmatrix} = \begin{bmatrix} \cos\varphi_l & 0 \\ \sin\varphi_l & 0 \\ 0 & 1 \\ 2(x_t - x_t)\cos\varphi_l + 2(y_l - y_t)\sin\varphi_l & 0 \end{bmatrix} \begin{bmatrix} v_l \\ \omega_l \end{bmatrix} + \begin{bmatrix} 0 \\ 0 \\ 0 \\ -2(x_t - x_t)v_t\cos\varphi_t - 2(y_l - y_t)v_t\sin\varphi_t \end{bmatrix} \tag{9-12}$$

其输出为式（9-13）。

$$y = D \tag{9-13}$$

9.4.2 单无人机目标跟踪运动的离散模型及预测控制分析

由于预测控制一般需要的是离散模型，因此要对上述方程进行离散化，然后对未来时域进行相应预测，再通过滚动优化的方法进行相应的优化，求解出控制率并传到无人机姿态控制器中。

对上面的状态方程进行离散化，得式（9-14）和式（9-15）。

$$
\begin{bmatrix} x_l(k+1) \\ y_l(k+1) \\ \varphi_l(k+1) \\ D(k+1) \end{bmatrix} = \begin{bmatrix} x_l(k) \\ y_l(k) \\ \varphi(k) \\ D(k) \end{bmatrix} + \begin{bmatrix} \cos\varphi_l(k) \\ \sin\varphi_l(k) \\ 0 \\ 2(x_l(k)-x_t(k))\cos\varphi_l(k)+2(y_l(k)-y_t(k))\sin\varphi_l(k) \end{bmatrix} v_l(k)\Delta T +
$$

$$
\begin{bmatrix} 0 \\ 0 \\ 1 \\ 0 \end{bmatrix} \omega_l(k)\Delta T + \begin{bmatrix} 0 \\ 0 \\ 0 \\ -2(x_l(k)-x_t(k))v_t(k)\cos\varphi_t(k)-2(y_l(k)-y_t(k))v_t(k)\sin\varphi_t(k) \end{bmatrix} \Delta T \tag{9-14}
$$

$$
y(k) = D(k) \tag{9-15}
$$

同时，由于 $x_t(k)$ 和 $y_t(k)$ 是时变的，因此有必要对目标的未来位置进行预测。假定在短时域内 v_t 和 φ_t 是不变的，即有式（9-16）和式（9-17）。

$$
v_t(k+i) = v_t(k+i-1) = v_t(k) \tag{9-16}
$$

$$
\varphi_t(k+i) = \varphi_t(k+i-1) = \varphi_t(k) \tag{9-17}
$$

那么目标的运动位置可以通过式（9-18）和式（9-19）预测。

$$
x_t(k+i) = x_t(k) + iv_t(k)\cos(\varphi_t(k))\Delta T \tag{9-18}
$$

$$
y_t(k+i) = y_t(k) + iv_t(k)\sin(\varphi_t(k))\Delta T \tag{9-19}
$$

通过式（9-14）到式（9-19）就可以得到上述输出的预测值为式（9-20）。

$$
y_p(k+1), y_p(k+2), \cdots, y_p(k+N-1), y_p(k+N) \tag{9-20}
$$

由于在 k 时刻的 $x_t(k)$，$y_t(k)$，$v_t(k)$，$\varphi_t(k)$，$x_l(k)$，$y_l(k)$，$\varphi_l(k)$ 为已知量，因此 $y_p(k+1)$，$y_p(k+2)$，$\cdots$，$y_p(k+N-1)$，$y_p(k+N)$ 为仅包含未来控制量 $v_l(k)$，$v_l(k+1)$，$v_l(k+2)$，$\cdots$，$v_l(k+N-1)$ 和未来控制量 $\omega_l(k)$，$\omega_l(k+1)$，$\omega_l(k+2)$，$\cdots$，$\omega_l(k+N-1)$ 的函数。很显然，这是一个多输入、单输出非线性控制，每次通过滚动优化算法求解出 $v_l(k)$，$v_l(k+1)$，$v_l(k+2)$，$\cdots$，$v_l(k+N-1)$ 和 $w_l(k+1)$，$w_l(k+2)$，$\cdots$，$w_l(k+N-1)$，$w_l(k+N)$ 的值，并以 $v_l(k)$，$\omega_l(k)$ 作为下一时刻的控制量的输入，然后依次向下进行滚动优化求解，求出下一时刻的控制量输入，具体的求解思路如图 9-9 所示，深色的框表示输出的控制量。

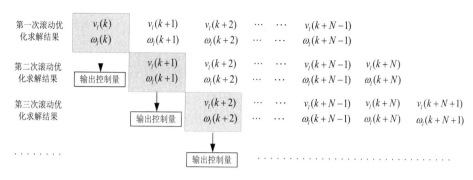

图 9-9 滚动优化控制输出

9.4.3 单无人机目标跟踪的指标优化

在预测函数控制中，滚动优化的目标是寻找一组系数 $v_l(k), v_l(k+1), v_l(k+2), \cdots, v_l(k+N-1)$ 和 $\omega_l(k), \omega_l(k+1), \omega_l(k+2), \cdots, \omega_l(k+N-1)$，使整个优化时域的预测输出尽可能地接近参考轨迹。

引入闭环式（9-21）。

$$e(t) = y(t) - y_p(t) \tag{9-21}$$

可以直接将输出误差反馈补偿于开环预测输出，闭环模型预测的值为式（9-22）。

$$y(t+i) = y_p(t+i) + e(t) \tag{9-22}$$

控制过程的最终目标是使无人机与目标保持固定的距离，假设系统要求保持的目标距离为 r_c，为了使无人机与目标保持固定的距离，目标跟踪控制的过程就是，使系统的输出沿着一条事先规定的曲线逐渐到达设定值 r_c^2，这条指定的曲线称为参考轨迹。通常参考轨迹采用从现在时刻实际输出值出发的一阶指数形式，它在未来 i 个时刻的值为式（9-23）。

$$y_r(t+i) = \xi^i y(t) + (1 - \xi^i) r_c^2 \qquad 0 < \xi < 1 \tag{9-23}$$

其中 $\xi = e^{-N/\tau}$，τ 为参考轨迹常数，即达到目标值的期望时间。

采用上述形式的参考轨迹，将减小过量的控制作用，使系统的输出能平滑地达到设定值。参考轨迹的时间常数 τ 越大，ξ 的值也越大，系统的柔性越好，鲁棒性越强，但控制的快速性变差，反之亦然。

当到达平衡值时，即当 $t \geq \tau$ 时，有式（9-24）。

$$y_r(t+i) = r_c^2 \tag{9-24}$$

由于滚动优化时域的步长为 N，为了使控制过程的输出预测尽量贴近参考轨迹，使过程平稳快速地达到系统设定值，因此要选取控制量使目标函数为最小，如式（9-25）。

$$J = \sum_{i=1}^{N} (y(t+i) - y_r(t+i))^2 + \lambda_1 \sum_{i=0}^{N-1} (v_l(t+i) - v_l(t-1))^2 + \lambda_2 \sum_{i=0}^{N-1} \omega_l^2(t+i) \qquad （9\text{-}25）$$

其中 λ_1 和 λ_2 为权值。因为无人机在一定时间内的速度和角速度的变化是有限的，所以可以通过限制加速度和角速度来实现该约束。同时由于该约束是由飞机性能决定的，因此为了避免较大的抖动，可以采用比较严格的约束，使其变化较小，同时加入最大最小巡航速度约束。定义最优化约束为式（9-26）。

$$\begin{cases} v_l(k+i-1) - \Delta v < v_l(k+i) < v_l(k+i-1) + \Delta v & i \in 0,1\cdots,N-1 \\ \omega_{\min} < \omega_l(k+i) < \omega_{\max} & i \in 0,1\cdots,N-1 \\ v_{\min} < v_l(k+i) < v_{\max} & i \in 0,1\cdots,N-1 \end{cases} \qquad （9\text{-}26）$$

根据不同的飞机性能，ω 和 v 可以取不同的最大值和最小值，Δv 也将取不同的值。那么该问题就变成了约束非线性单目标优化问题。

9.4.4 单无人机目标跟踪的滚动优化求解

非线性系统的预测控制方法在原理上与线性系统没有什么不同，但考虑到具体工程应用时，由于模型的非线性，面对的是一个非线性优化问题，如何实时有效地求解非线性滚动优化问题，仍是一个富有挑战性的课题。近年来，许多学者对非线性系统的预测控制做了大量的研究，并提出了不少有意义的方法。

在提高求解速度上，主要从减少优化变量、将非线性预测进行线性化、采用智能算法等方面入手。减少优化变量的方法最为简单直接，如果能针对工程实际精减非线性预测控制的优化变量，将大大提高预测控制的实时性。

在控制工程中，为减少由于耦合造成的变量间的相互干扰，延长执行机构寿命，控制量不宜频繁变化，变化幅度不宜过大，一段时间内应当向一个方向变动。而许多优化控制算法为了抑制输出噪声，控制量中包含许多高频信号，但由于执行机构的惯性，高频信号基本上不起作用，反而加重了执行机构的磨损。采用阶梯式控制对未来控制量的变化加以约束，强迫未来控制量以一阶指数曲线的形式变化，不仅有效地抑制了高频控制分量，而且控制的变化是单向的，符合工程要求。

此外对于预测控制，每一采样周期在线优化变量为优化区间上的一组控制序列，包括当前及未来的控制量，实施时只使用当前的控制量，未来的控制量在计算中没有用处，只是对当前的性能指标值有所影响。因此，对未来的控制序列不必精确求解，可采用某种规划好的控制量来近似替代，以大大减少在线优化的计算量，满足实时优化的要求。故可以将非线性预测控制和阶梯控制相结合，用来减少优化的变量数目。于是有学者提出了阶梯式非线性预测控制算法，减少决策变量的自由度，提高了算法的在线优化效率。

但是阶梯因子的选择对于被控系统的快速性与平稳性有影响，如果未来控制量增量递增，表明更希望在未来时刻改变控制量，响应速度较慢；如果未来控制量增量递减，表明更希望在当前时刻改变控制量，响应速度较快。

对于目标跟踪来说，根据与设定距离的误差不同，对响应速度的要求也不同，对平稳性的考虑也不尽相同。为了使无人机较快地接近目标，并实现对目标的持续稳定的跟踪，阶梯因子最好是能够根据控制要求实时变化的。所以本节采用模糊逻辑的方法来选择阶梯因子，提出了基于模糊阶梯因子的阶梯式预测控制方法来实现对目标的跟踪。

1. 阶梯式预测控制滚动优化求解的基本思路

阶梯式控制主要是通过使控制量的增量按照一定的比例进行变化，有效地抑制高频控制分量，并且控制的变化是单向的，即式（9-27）。

$$\Delta u(k+1) = \mu \Delta u(k) \qquad (9\text{-}27)$$

其中 μ 为比例分量，但是在实际控制工程中，控制量一般不可能一直单向变化，所以阶梯式控制一般是在较短时域内保持一定的比例。这恰好符合预测控制的短时域的区间预测。

采用该方法在预测时域内有式（9-28）。

$$u(k) = u(k-1) + \Delta u(k)$$

$$u(k+1) = u(k) + \mu \Delta u(k) = u(k-1) + \Delta u(k) + \mu \Delta u(k)$$

$$\vdots$$

$$u(k+N-1) = u(k-1) + \Delta u(k) + \mu \Delta u(k) + \mu^2 \Delta u(k) + \cdots + \mu^{N-1} \Delta u(k) \qquad (9\text{-}28)$$

对于目标跟踪飞行控制问题，速度控制量有式（9-29）。

$$v_l(k) = v_l(k-1) + \Delta v_l(k)$$

$$v_l(k+1) = v_l(k-1) + \Delta v_l(k) + \mu \Delta v_l(k)$$

$$\vdots$$

$$v_l(k+N-1) = v_l(k-1) + \Delta v_l(k) + \mu \Delta v_l(k) + \mu^2 \Delta v_l(k) + \cdots + \mu^{N-1} \Delta v_l(k) \qquad (9\text{-}29)$$

角速度值本来就是反映角度增量的变化值，可以采用公式（9-30）表示。

$$\omega_l(k) = \omega_l(k)$$

$$\omega_l(k+1) = \mu\omega_l(k)$$

$$\vdots$$

$$\omega_l(k+N-1) = \mu^{N-1}\omega_l(k)$$

（9-30）

$y(k+1), y(k+2), \cdots, y(k+N-1), y(k+N)$ 为仅包含控制增量 $\Delta v_l(k)$ 和控制量 $\omega_l(k)$ 的函数，所以 $J = \sum_{i=1}^{N}(y(t+i)-y_r(t+i))^2 + \lambda_1\sum_{i=0}^{N-1}(v_l(t+i)-v_l(t))^2 + \lambda_2\sum_{i=0}^{N-1}\omega_l^2(t+i)$ 为仅包含 $\omega_l(k)$ 和 $\Delta v_l(k)$ 变量的函数。所以在某一时刻，其控制率 $\omega_l(k)$ 和 $v_l(k)$ 的滚动优化求解就转化为两变量的约束非线性问题求解，相对于原来的 $2 \times N$ 个变量，其计算量大大减小，可以用一般的非线性优化方法进行求解，提高了预测控制的实时性。

2. 面向目标跟踪任务的阶梯因子的影响分析

在阶梯式预测控制中，阶梯因子的选择对控制系统的控制效率有较大的影响。当 $\mu > 1$ 时，未来控制量增量递增，表明更希望在未来时刻改变控制量，响应速度较慢，控制量变化平缓；当 $\mu < 1$ 时，未来控制量增量递减，表明更希望在当前时刻改变控制量，响应速度较快。阶梯因子 μ 的取值应在被控系统的快速性与平稳性之间取折中。

从理论上看，在平衡状态，一般来说 μ 取值较小的话，可能会引起较大的超调，应该采用较大的 μ 值。在趋近过程中，μ 取值较大的话，可能会引起趋近速度较慢，增长调节时间，应该采用较小的 μ 值。同时仿真结果表明，μ 的取值对超调和调节时间均具有较大的影响。

所以 μ 的取值是控制系统的控制率设计需要考虑的问题。对于目标跟踪来说，在无人机与目标的距离和设定距离误差较大的时候，为了使无人机较快地接近目标，可以采用较小的 μ 值，减少调节时间；在无人机已经到达预定距离，需要控制无人机以实现相对距离的保持时，为了减少超调，实现对目标持续稳定的跟踪，阶梯因子应该取较大的 μ 值。

以往 μ 的取值主要靠人工的经验，然后通过仿真实验结果来调节，而且在整个控制过程中不发生变化，可能会增大超调量或者增长调节时间。所以本章利用模糊逻辑控制作为阶梯式预测控制器的阶梯因子 μ 的调节器，其根据无人机与目标的相对距离的不同，来自动调节阶梯因子的值。模糊阶梯式预测控制器的结构如图 9-10 所示。

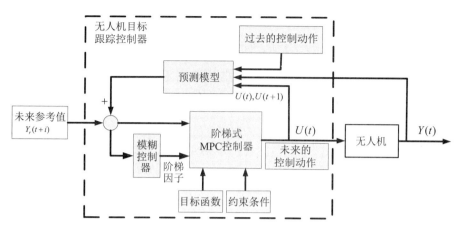

图 9-10　模糊阶梯式预测控制器结构

3. 基于模糊逻辑的阶梯因子确定

由于在控制工程中，一些复杂被控对象的特性难以用数学模型描述，或无适当的测试手段进入被测区，使传统控制理论及现代控制理论很难取得满意的控制效果，故模糊逻辑理论被用到了模糊控制中。模糊控制主要包括以下四个部分：输入变量模糊化、知识库、模糊推理、解模糊化。

根据模糊逻辑的基本原理，结合阶梯因子的选择思路，提出的详细的模糊逻辑的控制器的设计方案如图 9-11 所示。

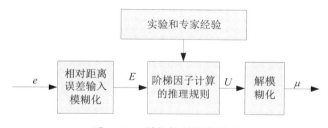

图 9-11　模糊控制器的原理

其中 e 为无人机与目标的距离设定值和实际值的误差，E 为误差模糊化后的模糊量，U 为根据专家推理规则推理出来的控制输出量的模糊量，μ 为解模糊化的值。

根据图 9-11，阶梯因子的模糊控制器的主要设计步骤如下。

第 1 步：确定输入输出变量的变化范围。通过对无人机发现目标的最大距离 r_{max} 和设定的目标跟踪距离 r_{def} 的获取，得到误差 e 的变化范围，并根据实际调试和仿真，确定阶梯因子 μ 的变化范围。一般 μ 的变化范围可取（0,2）。

第 2 步：输入模糊化。输入模糊化首先要定义输出模糊集的论域，在实际系统中，论域的选择范围应该是经过反复实验和分析得出来的。如果论域的范围太小，正常出现的数据就会在所定义的论域之外，系统的性能就可能受到影响；反之，如果定义的论域太大，就会对某些输入值响应迟钝。

在本系统可以将相应的误差的模糊论域定义为 $E = [-6, 6]$。模糊变量集合为：

$\{NB(负大), NM(负中), NS(负小), ZO(零), PS(正小), PM(正中), PB(正大)\}$

假定无人机发现目标的最大距离为 r_{max}，目标跟踪的设定距离为 r_{def}，那么误差 e 和两者之间的关系如图 9-12 所示。

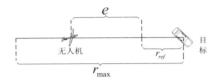

图 9-12　无人机距离误差关系

图 9-12 中，如果 $r_{max} - r_{ref} > r_{ref}$，则可以得到误差 e 到其模糊论域 E 的映射式为式（9-31）。

$$E = 6 \times \frac{e}{r_{max} - r_{ref}} \in \left[-6, 6 \cdot \frac{r_{ref}}{r_{max} - r_{ref}} \right] \in [-6, 6] \qquad （9-31）$$

如果 $r_{max} - r_{ref} < r_{ref}$，则可以得到误差 e 到其模糊论域 E 的映射式为式（9-32）。

$$E = 6 \times \frac{e}{r_{max} - r_{ref}} \in \left[-6 \cdot \frac{r_{max} - r_{ref}}{r_{ref}}, 6 \right] \in [-6, 6] \qquad （9-32）$$

第 3 步：确定隶属度函数。在完成误差到论域的映射后，E 的隶属度函数选择高斯型隶属度函数，隶属度函数曲线如图 9-13 所示。

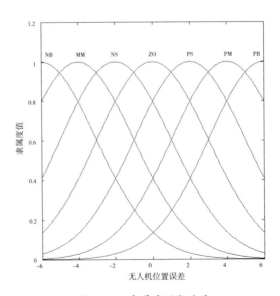

图 9-13　隶属度函数曲线

第 4 步：建立推理规则，输出阶梯因子。根据上面的阶梯因子对于收敛速度和超调的影响，通过相应的实验，建立如下推理规则。

（1）如果模糊变量为 NB（负大）和 PB（正大），则阶梯因子的设定权值为 –1。

（2）如果模糊变量为 NM（负中）和 PM（正中），则阶梯因子的设定权值为 –0.6。

（3）如果模糊变量为 NS（负小）和 PS（正小），则阶梯因子的设定权值为 +0.6。

（4）如果模糊变量为 ZO（零），则阶梯因子的设定权值为 +1。

推理规则的设定权值并不一定非要按照上面的方法进行设定，可以根据具体的控制系统进行大量的实验来调整。

通过上面的推理规则，可以建立模糊变量和阶梯因子的设定权值 $w(i)$ 的关系，根据隶属度函数得到在各个模糊变量的隶属度 $s(i)$，可以设定阶梯因子的初值为 1，那么阶梯因子即可用式（9–33）表示。

$$\mu = 1 + \sum_{i=1}^{7}(w(i) \times s(i)) / \sum_{i=1}^{7} s(i) \in (0,2) \qquad (9\text{–}33)$$

9.5　仿真实验

因为姿态控制和导航控制均采用现有的比较成熟的设计方案，所以本章不作验证。下面主要通过数字仿真来验证所设计的单架无人机目标跟踪控制器的性能，主要考虑目标机动性能的不同，进行无人机目标跟踪飞行控制的仿真研究，以测试在不同外界条件下，本章提出的目标跟踪控制策略的控制能力。实验的初始参数设置如表 9-1 所示。

表 9-1　单无人机目标跟踪飞行控制实验的初始参数

无人机初始位置和角度	目标初始位置和角度	无人机初始速度和角速度	目标初始速度和角速度	目标估计误差
$\left(0,0,\dfrac{\pi}{2}\right)$	$\left(2000,2000,\dfrac{\pi}{2}\right)$	（40,0）	（20,0）	±3

9.5.1 目标为直线运动时的仿真实验

该仿真实验主要是验证目标为非强机动情景下单无人机的目标跟踪飞行控制能力，目标进行无加速直线运动，目标位置是在有误差的情况下进行估计的。采用本章的方法，预测时域 $N = 5$，采样间隔为 0.2s，无人机角速度变化率限制为（-0.1rad/s,0.1 rad/s），最小巡航速度和最大巡航速度为（35m/s,45m/s），设定的跟踪距离为 1000m，采用 Matlab 的 Simulink 工具箱进行仿真，仿真结果如图 9-14 到图 9-19 所示。

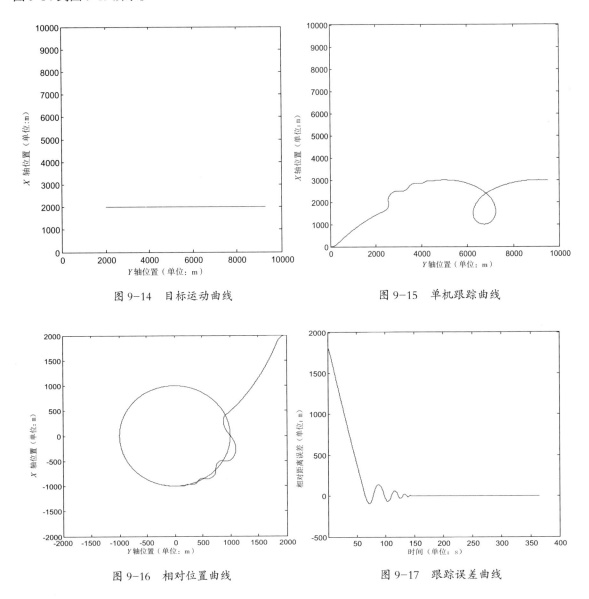

图 9-14　目标运动曲线

图 9-15　单机跟踪曲线

图 9-16　相对位置曲线

图 9-17　跟踪误差曲线

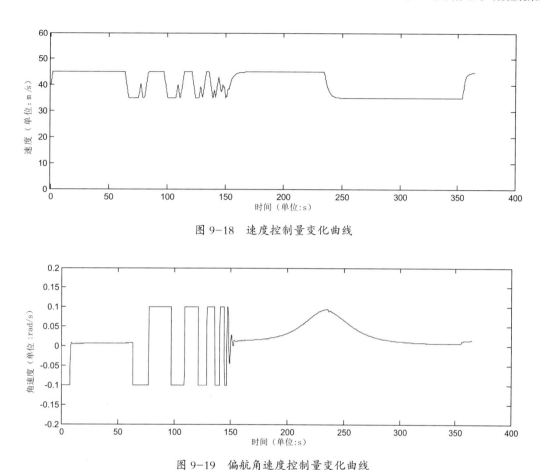

图 9-18 速度控制量变化曲线

图 9-19 偏航角速度控制量变化曲线

当目标为直线运动时，跟踪误差曲线图表明跟踪误差较小，无人机能够较好地完成目标跟踪。同时通过相对位置曲线可以看出，由于无人机的最低巡航速度大于目标的运动速度，两者的相对位置曲线最终为以跟踪的设定距离为半径的圆。

9.5.2 目标为机动运动时的仿真实验

该仿真实验主要是验证目标为较强机动情况下的目标跟踪能力。假设跟踪情景为：目标速度不变，先以 $-\frac{\pi}{100}$rad/s 的角速度进行运动，100s 后转弯至 Y 轴方向进行直线运动，200s 后转弯至以与 Y 轴夹角为 $\frac{\pi}{3}$ 的角度进行直线运动，300s 后以 Y 轴方向进行直线运动，目标的位置有估计误差。预测时域 $N=5$，无人机角速度变化率限制为（-0.1rad/s,0.1rad/s），最小巡航速度和最大巡航速度为（35m/s，45m/s），设定的跟踪距离为 1000m，采用 Matlab 的 Simulink 工具箱进行仿真，仿真结果如图 9-20 到图 9-25 所示。

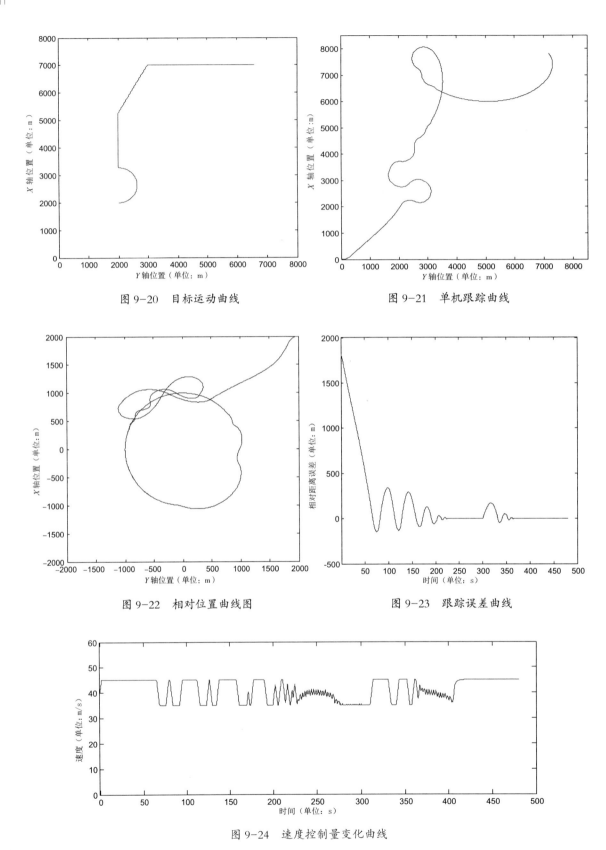

图 9-20　目标运动曲线

图 9-21　单机跟踪曲线

图 9-22　相对位置曲线图

图 9-23　跟踪误差曲线

图 9-24　速度控制量变化曲线

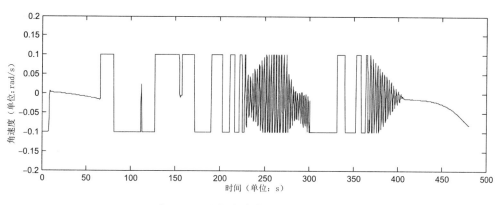

图 9-25　偏航角速度控制量变化曲线

通过仿真图可以看出，目标为机动运动时，以一定角速度进行运动或者突然转弯，此时的跟踪误差相对于目标进行直线运动时大一些。但通过控制器的调节，最终与目标之间的相对距离和设定距离的误差在允许范围之内，能够较好地完成目标跟踪。

同时，根据上述两种情景的目标跟踪的 Matlab 的仿真实验过程来看，在采样间隔 0.2s 的情况下，仿真程序在 PC 机进行一次滚动优化的时间远远低于 0.2s；而采用高速的专用芯片运行，速度只会更快，显然能够满足控制的实时性要求。通过误差曲线可知：在第一种情景下，100s 之内即可完成调节，到达设定的目标跟踪距离附近；第二种情景下，在 200s 左右即可完成调节，到达设定的目标跟踪距离附近。所以采用基于模糊阶梯式的预测控制进行目标跟踪控制，既能达到控制要求，又能满足实时性要求。

 9.6　本章小结

本章首先介绍了无人机运动建模、姿态控制器设计和自动导航系统设计的相关方法。然后重点进行了无人机目标跟踪控制器的设计，先建立无人机目标跟踪运动模型，由于无人机目标跟踪的控制模型是一个非线性多输入、单输出系统，为了解决预测实时性问题，又在阶梯式预测控制的基础上提出了模糊阶梯式预测控制方法，采用模糊控制器来获得阶梯因子，提高了控制精度和效率。最后通过对直线运动目标和机动目标进行仿真实验，验证了控制策略的有效性。

第 10 章
多无人机协同目标跟踪飞行控制策略

多无人机协同目标跟踪控制在考虑无人机与目标之间相对运动关系的同时，还要考虑无人机之间的相互运动关系。这就意味着有两个控制目标，将大大增加协同控制的难度。加上目标和飞机的状态测量存在误差，导致无人机进行协同跟踪编队飞行的队形形成、队形保持、队形变换和重构的技术深度和难度大大提高，再加上无人机控制系统本身就是非线性耦合系统，是无人机协同目标跟踪的难点问题，因此，提出有效的控制方法是解决上述问题的关键所在。

之前讲到的基于模糊阶梯式的预测控制方法和多模型预测控制方法，解决了其各自所针对的系统的控制问题。但是本章中的协同目标跟踪控制中有两个控制目标，故在考虑提高飞行控制精度的同时，还要考虑两个控制目标的平衡问题。可能在控制系统中不但要控制模型非线性，而且要解决非线性约束问题。然而阶梯预测控制在控制精度上有一定缺陷，多模型方法主要是用来处理模型非线性的，在解决非线性约束的问题上尚存在一定困难。

本章针对上述问题，提出了基于粒子群优化的预测控制算法。首先对无人机目标跟踪进行运动建模，接着建立优化性能指标，然后将滚动优化中的多目标优化问题转化为单目标优化问题，最后采用粒子群优化算法对其进行优化，以提高控制的实时性，从而实现无人机协同目标跟踪。

10.1 多无人机协同目标跟踪飞行控制系统设计思路

多无人机需要持续稳定地获取目标信息，如速度和位置等信息。使用单无人机进行目标跟踪时，其传感器一般将目标位置确定在一个椭圆之内，如图 10-1 所示。由于椭圆的非对称性，使用多无人机进行目标跟踪时，目标估计的重叠区域将是协同目标跟踪后的估计区域。为了使误差区域最小，最佳方法是使误差椭圆处于一个中心，如图 10-2 所示。

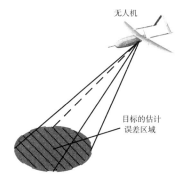

图 10-1　单无人机的目标估计

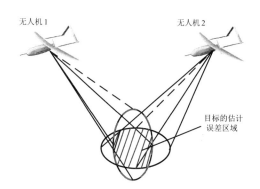

图 10-2　多无人机协同的目标估计

为了提高协同目标跟踪估计的精度，很显然要保证多架无人机在以目标为圆心的圆周上运动，并保持固定的夹角。例如，进行两架无人机目标跟踪时，两架无人机保持 90 度的夹角将取得最佳跟踪效果。图 10-3 为多架无人机进行目标跟踪的平面示意图。

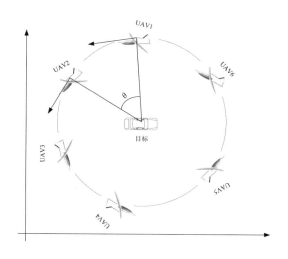

图 10-3　多无人机进行目标跟踪

于是无人机目标协同跟踪问题就变成了一个协同控制问题，即采用一定的控制方法使多架无人机与目标能够形成一个队形，该队形使多架无人机与目标保持固定距离 R，并使多架无人机与目标之间保持一个固定夹角 θ。

对于上面的控制问题，同样使用领航跟随法，使领航无人机去跟踪运动目标，采用第 9 章的单机跟踪目标的飞行控制方法进行领航无人机的控制，跟随无人机则采用一种新的控制策略，使跟随无人机既能跟踪目标，又能和领航无人机保持一定的队形。因为无人机进行运动目标跟踪时，高度可以假定保持不变，故具体的控制策略是，通过传感器获得目标、UAV1 和 UAV2 的位置信息及姿态信息，计算两机的夹角和距离与期望值的误差并进行控制，输出跟随无人机的运动速度和偏航角，最后通过自动驾驶仪输出油门、副翼、方向舵和升降舵等控制量完成控制。UAV2 具体控制结构如图 10-4 所示。

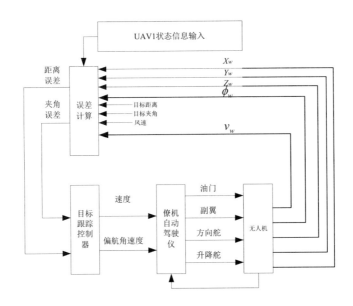

图 10-4　UAV2 具体的控制结构

10.2　协同目标跟踪飞行运动建模

因为目标和无人机都是运动的，所以必须要有一个运动调节机制，即在目标跟踪过程中实现协调。所以要先建立一个参考坐标系，然后对多无人机协同目标跟踪进行运动建模，再进行运动控制，从而形成一定的跟踪队形。由于涉及多架无人机和目标之间的协调，采用航迹坐标系、机体坐标系均不合适，因此直接采用地面坐标系作为其参考坐标系。因为多架无人机进行目标跟踪时一般在同一高度，故可以将其投影到二维平面进行研究，具体的运动分析如图 10-5 所示。

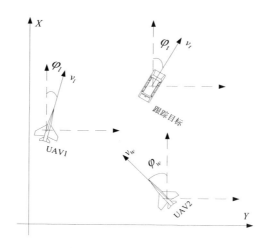

图 10-5　协同目标跟踪运动

图中 v_t 为运动目标的速度，其与地面坐标系 X 轴的夹角为 φ_t，v_l 为 UAV1 的运动速度，其与地面坐标系 X 轴的夹角为 φ_l，v_w 为跟随无人机的速度，其与地面坐标系 X 轴的夹角为 φ_w，ω 为偏航角速度。

如果以 x_l，y_l 为 UAV1 的横纵向坐标，以 x_w，y_w 为 UAV2 的横纵向坐标，以 x_t，y_t 为跟踪目标的横纵向坐标，对 UAV1 进行运动建模，有式（10-1）和式（10-2）。

$$\dot{x}_l = v_l \cos(\varphi_l) \tag{10-1}$$

$$\dot{y}_l = v_l \sin(\varphi_l) \tag{10-2}$$

对 UAV2 进行运动建模，有式（10-3）、式（10-4）和式（10-5）。

$$\dot{x}_w = v_w \cos(\varphi_w) \tag{10-3}$$

$$\dot{y}_w = v_w \sin(\varphi_w) \tag{10-4}$$

$$\dot{\varphi}_w = \omega \tag{10-5}$$

对目标进行运动建模，有式（10-6）和式（10-7）。

$$\dot{x}_t = v_t \cos(\varphi_t) \tag{10-6}$$

$$\dot{y}_t = v_t \sin(\varphi_t) \tag{10-7}$$

UAV1 与目标的距离可以用式（10-8）计算。

$$r_1 = \sqrt{(x_l - x_t)^2 + (y_l - y_t)^2} \tag{10-8}$$

UAV2 与目标的距离可以用式（10-9）计算。

$$r_2 = \sqrt{(x_w - x_t)^2 + (y_w - y_t)^2} \tag{10-9}$$

UAV1 和 UAV2 与目标的夹角 θ 可以用式（10-10）来计算。

$$\theta = \arctan\frac{y_l - y_t}{x_l - x_t} - \arctan\frac{y_w - y_t}{x_w - x_t} \tag{10-10}$$

10.3 基于粒子群优化的协同目标跟踪飞行预测控制

基于粒子群优化的协同目标跟踪飞行预测控制是在分析多无人机目标跟踪离散模型及预测控制的基础上，确定预测性能指标，并进行多目标优化的单目标优化转化，最终采用粒子群算法进行非线性滚动优化求解。

10.3.1 多无人机目标跟踪离散模型及预测控制分析

因为无人机进行编队跟踪时，两架无人机一般处在同一个高度，所以可以将其投影到二维平面上，建立无人机与目标的相对位置和两架无人机相对于目标的夹角的预测模型，并设计相应的性能指标，根据优化算法计算跟随无人机的偏航角速度和速度两个控制量。

对 UAV1 的运动方程进行离散化，有式（10-11）和式（10-12）。

$$x_l(k+1) = x_l(k) + v_l(k)\cos(\varphi_l(k))\Delta T \tag{10-11}$$

$$y_l(k+1) = y_l(k) + v_l(k)\sin(\varphi_l(k))\Delta T \tag{10-12}$$

将 UAV2 的运动方程进行离散化，有式（10-13）到式（10-17）。

$$x_w(k+1) = x_w(k) + v_w(k)\cos(\varphi_w(k))\Delta T \tag{10-13}$$

$$y_w(k+1) = y_w(k) + v_w(k)\sin(\varphi_w(k))\Delta T \tag{10-14}$$

$$\varphi_w(k+1) = \varphi_w(k) + \omega_w\Delta T \tag{10-15}$$

$$r_2(k+1) = \sqrt{(x_w(k+1) - x_t(k+1))^2 + (y_w(k+1) - y_t(k+1))^2} \tag{10-16}$$

$$\theta_2(k+1) = \arctan\frac{y_l(k+1) - y_t(k+1)}{x_l(k+1) - x_t(k+1)} - \arctan\frac{y_w(k+1) - y_t(k+1)}{x_w(k+1) - x_t(k+1)} \tag{10-17}$$

将目标的运动方程进行离散化，有式（10-18）和式（10-19）。

$$x_t(k+1) = x_t(k) + v_t(k)\cos(\varphi_t(k)) \tag{10-18}$$

$$y_t(k+1) = y_t(k) + v_t(k)\sin(\varphi_t(k)) \tag{10-19}$$

将式（10-11）到式（10-19）代入式（10-16）、式（10-17），得到式（10-20）和式（10-21）。

$$r_2(k+1) = \sqrt{\begin{array}{l}(x_w(k) + v_w(k)\cos(\varphi_w(k))\Delta T - x_t(k+1))^2 - \\ (y_w(k) + v_w(k)\sin(\varphi_w(k))\Delta T - y_t(k+1))^2\end{array}}$$
$$= \sqrt{\begin{array}{l}(x_w(k) + v_w(k)\cos(\varphi_w(k)))\Delta T - (x_t(k) + v_t(k)\cos(\varphi_t(k))))^2 - \\ (y_w(k) + v_w(k)\sin(\varphi_w(k)))\Delta T - (y_t(k) + v_t(k)\sin(\varphi_t(k))))^2\end{array}} \tag{10-20}$$

$$\theta(k+1) = \arctan\frac{y_l(k) + v_l(k)\sin(\varphi_l(k))\Delta T - (y_t(k) + v_t(k)\sin(\varphi_t(k)))}{x_l(k) + v_l(k)\cos(\varphi_l(k))\Delta T - (x_t(k) + v_t(k)\cos(\varphi_t(k)))} - $$
$$\arctan\frac{y_w(k) + v_w(k)\sin(\varphi_w(k))\Delta T - (y_t(k) + v_t(k)\sin(\varphi_t(k)))}{x_w(k) + v_w(k)\cos(\varphi_w(k))\Delta T - (x_t(k) + v_t(k)\cos(\varphi_t(k)))} \tag{10-21}$$

其中 ω 为偏航角速度。

因为进行滚动优化的过程中，采样周期一般比较短，因此在采样周期内可以考虑 UAV1 的速度及偏航角不变，同时可以考虑风速不变。即假定在短采样周期内有式（10-22）和式（10-23）。

$$v_l(k+i) = v_l(k+i-1) = v_l(k) \tag{10-22}$$

$$\varphi_l(k+i) = \varphi_l(k+i-1) = \varphi_l(k) \tag{10-23}$$

那么可以得式（10-24）和式（10-25）。

$$r_2(k+2) = \sqrt{\begin{array}{l}(x_w(k+1) + v_w(k+1)\cos(\varphi_w(k+1))\Delta T - (x_t(k+1) + v_t(k+1)\cos(\varphi_t(k+1))))^2 - \\ (y_w(k+1) + v_w(k+1)\sin(\varphi_w(k+1)))\Delta T - (y_t(k+1) + v_t(k+1)\sin(\varphi_t(k+1))))^2\end{array}} = $$
$$\sqrt{\begin{array}{l}(x_w(k) + v_w(k)\cos(\varphi_w(k))\Delta T + v_w(k+1)\cos(\varphi_w(k) + \omega_w(k)\Delta T)\Delta T) - \\ (x_t(k) + v_t(k)\cos(\varphi_t(k))\Delta T + v_t(k)\cos(\varphi_t(k)))\Delta T)^2 - \\ (y_w(k) + v_w(k)\sin(\varphi_w(k))\Delta T + v_w(k+1)\sin(\varphi_w(k) + \omega_w(k)\Delta T)\Delta T - \\ (y_t(k) + v_t(k)\sin(\varphi_t(k))\Delta T + v_t(k)\sin(\varphi_t(k))\Delta T))^2\end{array}} \tag{10-24}$$

$$\theta(k+2) = \arctan\frac{y_l(k+1)+v_l(k+1)\sin(\varphi_l(k+1))\Delta T - (y_t(k+1)+v_t(k+1)\sin(\varphi_t(k+1))\Delta T)}{x_l(k+1)+v_l(k+1)\cos(\varphi_l(k+1))\Delta T - (x_t(k+1)+v_t(k+1)\cos(\varphi_t(k+1))\Delta T)} -$$

$$\arctan\frac{y_w(k+1)+v_w(k+1)\sin(\varphi_w(k+1))\Delta T - (y_t(k+1)+v_t(k+1)\sin(\varphi_t(k+1))\Delta T)}{x_w(k+1)+v_w(k+1)\cos(\varphi_w(k+1))\Delta T - (x_t(k+1)+v_t(k+1)\cos(\varphi_t(k+1))\Delta T)}$$

$$= \arctan\frac{y_l(k+1)+v_l(k)\sin(\varphi_l(k))\Delta T - (y_t(k+1)+v_t(k)\sin(\varphi_t(k))\Delta T)}{x_l(k+1)+v_l(k)\cos(\varphi_l(k))\Delta T - (x_t(k+1)+v_t(k)\cos(\varphi_t(k))\Delta T)} -$$

$$\arctan\frac{y_w(k+1)+v_w(k+1)\sin(\varphi_w(k)+\omega_w(k)\Delta T)\Delta T - (y_t(k+1)+v_t(k)\sin(\varphi(k))\Delta T)}{x_w(k+1)+v_w(k+1)\cos(\varphi_w(k)+\omega_w(k)\Delta T)\Delta T - (x_t(k+1)+v_t(k)\cos(\varphi_t(k))\Delta T)} \qquad (10\text{-}25)$$

$$= \arctan\frac{y_l(k)+2v_l(k)\sin(\varphi_l(k))\Delta T - (y_t(k)+2v_t(k)\sin(\varphi_t(k))\Delta T)}{x_l(k)+2v_l(k)\cos(\varphi_l(k))\Delta T - (x_t(k)+2v_t(k)\cos(\varphi_t(k))\Delta T)} -$$

$$\arctan\frac{y_w(k)+v_w(k)\sin(\varphi_w(k))\Delta T+v_w(k+1)\sin(\varphi_w(k)+\omega_w(k)\Delta T)\Delta T - (y_t(k)+2v_t(k)\sin(\varphi_t(k))\Delta T)}{x_w(k)+v_w(k)\cos(\varphi_w(k))\Delta T+v_w(k+1)\cos(\varphi_w(k)+\omega_w(k)\Delta T)\Delta T - (x_t(k)+2v_t(k)\cos(\varphi_t(k))\Delta T)}$$

在控制时域 N 内,可以推出其预测输出为式(10-26)和式(10-27)。

$$r_2(k+3), \quad r_2(k+4), \quad r_2(k+5), \quad \cdots, \quad r_2(k+N-1), \quad r_2(k+N) \qquad (10\text{-}26)$$

$$\theta(k+3), \quad \theta(k+4), \quad \theta(k+5), \quad \cdots, \quad \theta(k+N-1), \quad \theta(k+N) \qquad (10\text{-}27)$$

通过上面的公式可以看出,其预测的输出序列为基于未来控制量 $v_w(k),v_w(k+1),\cdots,v_w(k+N-1)$ 和未来控制量 $\omega_w(k),\omega_w(k+1),\cdots,\omega_w(k+N-1)$ 的函数。很显然,这是一个多输入、多输出的非线性控制问题,每次通过优化算法求解出 $v_w(k),v_w(k+1),\cdots,v_w(k+N-1)$ 和 $\omega_w(k),\omega_w(k+1),\cdots,\omega_w(k+N-1)$ 的值,并以 $v_w(k)$, $\omega_w(k)$ 作为下一时刻控制量的输出,依次向下进行滚动优化求解。具体的求解思路如图 10-6 所示,深色的框表示每一次优化求解所求出的控制量。

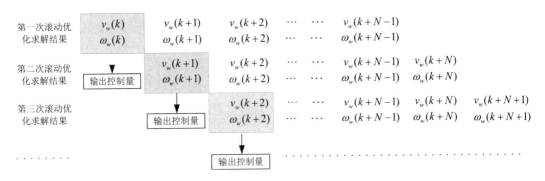

图 10-6　输出量

10.3.2 确定预测性能指标

对于多无人机目标跟踪协同预测控制问题,其滚动优化的目标是寻找合适的 $v_w(k),v_w(k+1),\cdots,$ $v_w(k+N-1)$ 和 $\omega_w(k),\omega_w(k+1),\cdots,\omega_w(k+N-1)$,使整个优化时域的预测输出尽可能地接近参考轨迹。在多无人机协同目标跟踪控制中，因为有多个控制目标，其预定轨迹并不一定按指数形式变化，所以本章将不用指数形式建立参考轨迹，而是直接以目标预定值作为参考轨迹，以优化时域内的目标预定值和预测输出的误差平方作为预测性能指标。同时，由于角度和距离误差计算相对比较复杂，因此角度误差用角度误差的正切作为预测性能指标，距离误差用距离误差的平方作为预测性能指标。

假定 θ_c 和 r_c 为两机与目标夹角的目标角度和 UAV2 与目标的目标距离，则有如下性能指标，如式（10-28）。

$$J_1 = \sum_{i=1}^{N} (r_2^2(k+i) - r_c^2)^2$$

$$J_2 = \sum_{i=1}^{N} (\tan(\theta_2(k+i)) - \tan\theta_c)^2 \qquad （10\text{-}28）$$

J_1 和 J_2 是基于未来控制量 $v_w(k), v_w(k+1), \cdots, v_w(k+N-1)$ 和未来控制量 $\omega_w(k), \omega_w(k+1), \cdots,$ $\omega_w(k+N-1)$ 的函数。同样引入控制量的优化约束，如式（10-29）。

$$\begin{cases} v_w(k+i-1) - \Delta v < v_w(k+i) < v_w(k+i-1) + \Delta v & i \in 0,1,2\cdots,N-1 \\ \omega_{\min} < \omega_w(k+i) < \omega_{\max} & i \in 0,1,2\cdots,N-1 \\ v_{\min} < v_w(k+i) < v_{\max} & i \in 0,1,2\cdots,N-1 \end{cases} \qquad （10\text{-}29）$$

于是该问题变成了一个带约束的多目标非线性优化问题。

10.3.3 多目标优化的单目标优化转化

对于带约束的多目标非线性优化问题的求解方法已经很多，一般先解决多目标优化的问题，研究多目标优化问题的一个基本思路是把它转换为单目标优化问题。对于多目标优化问题一般有以下几种解决方法。

（1）线性加权法。线性加权法是目前多目标优化工程中最常用的方法。但由于权系数没有明确的物理意义，其选择过程没有可靠的定量化方法，一般需要反复试凑，非常耗时。同时控制系统的目标重要性是变化的，并不能保证权值的通用性。

（2）极大极小值法。极大极小值法选择多目标优化问题中各目标函数的最大值作为评价函数，然后通过极小化该评价函数来求取多目标优化问题的解。考虑到实际优化问题中具体数值的数量级可能相差较大，所以使用该方法时需要对各目标函数的取值作归一化处理，将所有目标函数的取值都线性映射到同一个区间。为表示各目标间不同的相对重要程度，也可以在评价函数中引入权系数。

（3）分层序列法。分层序列法是按照重要程度排序，尽可能先满足较重要的目标，然后满足次要目标。因其接近人类思维、便于操作，特别是在目标间的相对重要程度发生改变时，不需要花费大量时间重新确定参数，所以成为多目标优化计算方法中的另一个重要方法。

对于多无人机协同目标跟踪控制系统来说，在协同目标跟踪控制中，角度和距离误差的重要性是随时间而变化的。在趋近过程中距离控制更重要一些，在到达预定的相对距离后，夹角保持控制更重要一些。因此采用线性加权法，其权值的确定相对比较麻烦。

另外还存在一个重要的问题，就是当两个优化指标的数值存在较大的差别时，将会导致权值的大小并不能反映实际的目标的重要性，其中某个变量的微小变化会引起整体优化性能的变化。例如，多无人机协同目标跟踪控制中的距离误差变化可能大于角度误差的较大数量级，将导致权值的大小并不能反映优化指标的重要性。

虽然有学者对该线性加权法进行了一定的改进，并给出了线性加权法求解多目标优化问题弱有效解的充分条件，但满足该条件的权系数一般无法直接求得。对于非凸优化问题，无论如何调整权重系数，线性加权法都难以找到最优解。此时，只有根据具体问题构造非线性的评价函数，才能较好地解决这个问题。但是这样一来，该方法的实用性就受到了挑战。

所以本章不采用线性加权法进行多目标优化处理。同时对于多无人机协同目标跟踪控制系统，目标函数中的无人机之间的相对位置不易确定最大值和最小值，导致归一化过程复杂，所以采用极大极小值法也不合适。

在多无人机协同目标跟踪控制系统中，只有实现相对距离的基本保持，两机夹角达到预测值才具有意义，因此采用分层序列法进行多目标求解是可行的。但是分层序列法只是一种大的思路，具体实现时有完全分层法和字典序法两种常见的方法。

（1）完全分层法的基本思想是将所有目标从重要到次要，按照相对重要程度排序，给定每个目标的优先级，然后依次求解每个目标，本章关于优化问题的目标的重要性不易研究，故不采用。

（2）字典序法的思路如下：除第一个（最重要的）目标外，每个目标都在上一个优先级目标的最优解集中求解，直至最后一个目标被解决或优化变量失去自由度。字典序法将一个多目标优化问题转化为多个单目标优化问题加以处理。但是当上层目标进行优化且只存在唯一解时，后面的优化就不存在任何意义，即已经求出最优解，后面的目标就不会再进行考虑，而本章中的两个优化目标是必须同时考虑的。

为解决这个困难，在无人机目标跟踪过程中，并不需要将无人机与目标的相对距离精确控制为一个恒值（在存在各种扰动的情况下，这也是不可能做到的），只要输出围绕着设定值在一个很小的范围内波动，就认为设定值目标得到了满足。

所以本章的思路是，先对相对距离的性能指标 J_1 进行单目标优化，使 UAV2 到达跟踪目标要求的半径内，然后通过设定半径扰动的方法对 J_1 进行较小的目标扰动，求出可行解空间，再在可行解中找到 J_2 的优化值，从而实现分层多目标优化。

具体思路如下。

如果 $r_2(k) > r_c + r_{error}$ 或 $r_2(k) < r_c - r_{error}$，则有式（10-30）。

$$\min(J_1) = \min(\sum_{i=1}^{N}(r_2^{\ 2}(k+i) - r_c^{\ 2})^2)$$

$$\text{s.t.}\begin{cases} v_w(k+i-1) - \Delta v < v(k+i) < v_w(k+i-1) + \Delta v & i \in 0,1,2\cdots,N-1 \\ \omega_{\min} < \omega_w(k+i) < \omega_{\max} & i \in 0,1,2\cdots,N-1 \\ v_{\min} < v_w(k+i) < v_{\max} & i \in 0,1,2\cdots,N-1 \end{cases} \quad （10\text{-}30）$$

如果 $r_c - r_{error} \leqslant r_2(k) \leqslant r_c + r_{error}$，加一个轻微扰动误差，该值为正值 r_{error}，则有式（10-31）。

$$\sum_{i=1}^{N}(r_2^{\ 2}(k+i) - r_c^{\ 2})^2) < r_{error}^{\ 2} \times N$$

$$\text{s.t.}\begin{cases} v_w(k+i-1) - \Delta v < v(k+i) < v_w(k+i-1) + \Delta v & i \in 0,1,2\cdots,N-1 \\ \omega_{\min} < \omega_w(k+i) < \omega_{\max} & i \in 0,1,2\cdots,N-1 \\ v_{\min} < v_w(k+i) < v_{\max} & i \in 0,1,2\cdots,N-1 \end{cases} \quad （10\text{-}31）$$

求解出一个 (v,ω) 的集合 M。

针对集合 M 有式（10-32）。

$$\min(J_2) = \min(\sum_{i=1}^{N}(\tan(\theta_2(k+i)) - \tan\theta_c)^2)$$

$$\text{s.t.} \ (v,\omega) \in M \quad （10\text{-}32）$$

将上面两个问题统一，可以得到式（10-33）。

$$\min(J_2) = \min(\sum_{i=1}^{N}(\tan(\theta_2(k+i)) - \tan\theta_c)^2)$$

$$\text{s.t.}\begin{cases} v_w(k+i-1) - \Delta v < v(k+i) < v_w(k+i-1) + \Delta v & i \in 0,1,2\cdots,N-1 \\ \omega_{\min} < \omega_w(k+i) < \omega_{\max} & i \in 0,1,2\cdots,N-1 \\ v_{\min} < v_w(k+i) < v_{\max} & i \in 0,1,2\cdots,N-1 \\ \sum_{i=1}^{N}(r_2^{\ 2}(k+i) - r_c^{\ 2})^2) < r_{error}^{\ 2} \times N & i \in 0,1,2\cdots,N-1 \end{cases} \quad （10\text{-}33）$$

于是上述问题变成了两个非线性多变量约束单目标优化问题。下面将对单目标的非线性优化进行求解。而对于上面的两个单目标优化问题，由于优化指标与约束均具有非线性，因此采用阶梯式预测控制会出现控制精度不高的问题，采用多模型的方法不能较好地解决约束中存在非线性约束不等式问题，所以有必要采用一种新的优化方法进行优化。

10.3.4 基于粒子群算法的非线性滚动优化问题求解

通过上面的方法，将多目标非线性优化问题变成了单目标约束优化问题，但是对于非线性规划如何提高求解速度，如何在可行解空间进行有效的偏向搜索，即如何有效地均衡目标函数和约束条件，仍然是关键的问题。常见的解决约束优化问题的方法有惩罚函数方法、可行方向法、二次规划法、进化算法等。

惩罚函数方法的问题在于惩罚因子的选择比较困难；可行方向法最大的问题是收敛速度非常慢且不易求出全局最优解；二次规划法主要是针对非线性规划中的一个特殊情形，它的目标函数是线性二次的实函数，且要求约束是线性的，不适用于本章的优化问题；进化算法是以达尔文的进化论思想为基础，通过模拟自然界生物进化准则逼近问题最优解的一类群体搜索算法，以其较强的求解力，逐渐成为求解约束优化问题的主要工具。

而粒子群算法作为一种简单有效的进化算法，它的求解过程更加简单易行，所付出的计算代价更小，因此被视为求解约束问题的可行方法。故本章采用粒子群算法求解带约束的非线性规划问题，提出了基于粒子群的预测控制算法来解决本章的协同目标跟踪飞行控制问题。

1. 粒子群算法的基本原理

粒子群优化算法与遗传算法相似，是一种基于迭代的优化技术，但没有遗传算法中的重组和变异算子，而是利用粒子在解空间追随最优粒子进行搜索。下面详细介绍其基本原理。

粒子群算法首先生成初始种群，即在可行解空间中随机初始化一群粒子，每个粒子都代表优化问题的一个可行解，由三个指标来表征：位置、速度、适应值。其中适应值（Fitness Value）由选定的相应目标函数确定。每个粒子将在解空间中运动，通常粒子将跟踪两个极值，一个是粒子本身迄今找到的最优解 P_{best}，另一个是整个种群迄今找到的最优解 G_{best}，以此更新自身的速度和位置。

然后计算出粒子的适应值，衡量粒子的优劣程度，通过优劣程度改变每个粒子的 P_{best} 和 G_{best}，如此不断迭代。迭代停止时，适应度函数最优的解变量即为优化搜索的最优解。

将上面的算法思想进行数学描述：假设在一个 D 维的搜索空间中，由 n 个粒子组成的种群 $X=\{X_1, X_2, \cdots, X_n\}$，其中第 i 个粒子表示为一个 D 维的向量 $\boldsymbol{X}_i=(x_{i1}, x_{i2}, \cdots, x_{iD})^{\text{T}}$，代表第 i 个粒子在 D 维搜索空间中的位置，也代表了问题的一个潜在解。将 $\boldsymbol{X}_i$ 代入目标函数即可计算出对应的适应值。第 i 个粒子的速度为 $V_i = (V_{i1}, V_{i2}, \cdots, V_{iD})^{\mathrm{T}}$，其个体极值为 $P_i = (P_{i1}, P_{i2}, \cdots, P_{iD})^{\mathrm{T}}$（个体极值即个体所经历位置中计算得到的适应值最优的位置），种群的全局极值为 $P_g = (P_{g1}, P_{g2}, \cdots, P_{gD})^{\mathrm{T}}$（全局极值即种群中所有粒子搜索到的最优的位置）。

在每一次迭代过程中，粒子通过个体极值和全局极值更新自身的速度和位置，如式（10-34）和式（10-35）。

$$V_{id}^{k+1} = V_{id}^k + c_1 r_1 (P_{id}^k - X_{id}^k) + c_2 r_2 (P_{gd}^k - X_{id}^k) \tag{10-34}$$

$$X_{id}^{k+1} = X_{id}^k + V_{id}^{k+1} \tag{10-35}$$

其中 $d = 1, 2, \cdots, \mathrm{D}$，$i = 1, 2, \cdots, n$，$n$ 为种群规模，k 为当前进化代数，V_{id} 是粒子的速度，c_1 和 c_2 是非负的学习因子，r_1 和 r_2 是分布于区间 $[0, 1]$ 的随机数。为防止粒子的速度过大，可将其速度限制在一定的区间 $[-V_{\max}, V_{\max}]$ 内。式（10-34）中，等式右边的第一项表示粒子继承原来的速度，第二项表示粒子学习自身经验的"认知"部分，第三项表示种群中粒子间的"合作"和信息"共享"部分。粒子通过更新前的速度、自身经验、群体经验，根据式（10-34）调整自己的速度，进而按照式（10-35）改变自己的位置，达到寻优的目的。

为了更好地协调粒子群的全局和局部寻优能力，在式（10-34）中引入了惯性权值 w，将式（10-34）改变为式（10-36）。

$$V_{id}^{k+1} = w \times V_{id}^k + c_1 r_1 (P_{id}^k - X_{id}^k) + c_2 r_2 (P_{gd}^k - X_{id}^k) \tag{10-36}$$

这样，由式（10-35）和式（10-36）组成迭代算法。于是有这样的结论：一个大的惯性权值有利于开展全局寻优，一个小的惯性权值则有利于提高局部寻优能力。在算法迭代过程中，通过线性减小惯性权值，可以在计算初期具有更好的全局搜索能力，粒子可以较快进入最优值附近的区域；而在末期则具有良好的局部搜索能力，进一步向最优值靠近。目前，采用较多的是线性递减权值策略，即式（10-37）。

$$w(k) = w_{\min} + (w_{\max} - w_{\min})(T_{\max} - k) / T_{\max} \tag{10-37}$$

其中，$w_{\min}$ 为初始惯性权值，$w_{\max}$ 为进化至最大迭代次数时的惯性权值，$T_{\max}$ 为最大进化代数。一般而言，惯性权值取值为 $w_{\min}=0.4$，$w_{\max}=0.9$。引入惯性权值后，粒子群算法的收敛性能得到很大提升，更易搜索到全局极值。

通过上面的论述，并结合多无人机协同目标跟踪飞行控制的非线性滚动优化的性能指标和约束条件可知，采用粒子群算法进行滚动优化尚要解决以下问题：一是约束的处理，即怎样根据控制量约束限制粒子群算法解空间；二是局部收敛问题，即怎样提高粒子群算法的收敛性能，让其不陷入局部最优。在解决这两个问题的基础上，再给出基于粒子群算法的多无人机协同目标跟踪预测控制的滚动优化基本步骤。下面将从以上几个方面论述基于粒子群进行滚动优化的方法。

2. 非线性滚动规划的约束处理

在非线性优化中进行约束处理一般有以下方法：非固定多段映射罚函数法、多目标方法、区分可行解与不可行解法。

罚函数的基本思想是通过序列无约束最小化技术，将约束优化问题转化为一系列无约束优化问题进行求解，如果惩罚项在求解过程中存在变化，则称为非固定罚函数法。

多目标方法的基本思想是将约束优化问题转化为两个目标优化问题，其中一个为原问题的目标函数，另一个为违反约束条件的程度函数，利用 Pareto 优于关系定义个体 Pareto 序值，以便对个体进行排序选优。

区分可行解与不可行解法的基本思想是，当两个解都可行时，通过比较它们的适应值来判断优劣；当二者之中有一个可行而另一个不可行时，则认为可行解为优；当两个解都不可行时，约束违反度小的解粒子优先。

对于多无人机协同目标跟踪控制问题，使用罚函数法确定适当的罚因子很困难，往往需要通过多次实验不断进行调整，人为因素较多，故不采用。多目标方法计算量大，求解速度较慢，而协同目标跟踪控制的实时性要求较高，也不宜使用。所以本章采用区分可行解与不可行解的方法，但对于基于粒子群的优化问题，无条件地让所有可行解粒子优于不可行解粒子，则很难在群体中保持一定比例的不可行解，从而无法发挥不可行解的作用。因此，可以采用以下准则进行粒子的选择：当两个粒子都可行时，适应值小的粒子为优；当两个粒子都不可行时，约束违反度小的粒子为优；当一个粒子可行而另一个粒子不可行时，如果不可行粒子的约束违反度小于一个限定的极小值，则比较它们的适应值，适应值小的粒子为优。

通过上面的选择，可以使种群中保留部分不可行解粒子，接着让极小值随迭代次数的增加而递减。这样可以保证不可行解的比例随着迭代次数的增加而动态调整，即在迭代初期保留了数目较多的不可行解微粒，避免算法陷入局部最优。在迭代后期保留了数目较少的不可行解微粒，保证了算法的收敛。

3. 非线性优化局部收敛问题的处理

当全局极值或个体极值位于局部最优点时，粒子群就无法在解空间内重新搜索，其他粒子将迅速向局部最优解靠拢，算法出现早熟收敛。

为了改善基本粒子群算法的收敛性能，在速度进化方程中引入惯性权重（在上面的粒子群算法原理中已有介绍），使其有扩展搜索空间的趋势，有能力探索新的区域。但是粒子群算法的搜索过程是非线性的且包含复杂的变化，所以一般有两种思路来改进收敛过程：一种是采用模糊系统来调整粒子算法中的惯性权量，另一种是采用遗传算法中的变异思想。

因为采用遗传算法中的变异思想改进收敛过程方法简单，并且具有较好的改进效果，所以本章采用该方法来进行非线性优化局部收敛问题的处理。具体的处理步骤如下：将粒子群中的粒子赋予一个杂交概率，这个杂交概率由用户定义，与粒子适应度函数无关，每次迭代时，根据杂交概率选择一定数量的粒子进入一个池中，池中的粒子随机地两两杂交，产生相同数目的子代，并用子代粒子取代父代粒子，以保证种群的粒子数目不变。

4. 基于粒子群算法的非线性滚动优化过程

根据粒子群算法的基本原理，并采用上面的约束处理和局部收敛处理方法，得到基于粒子群算法的非线性滚动优化具体过程：确定粒子的种群规模（即粒子群包含的粒子个数），这个参数通常要根据问题的规模和难度通过实验来设定。一般情况下，种群规模的取值在 20 到 50 之间，本章取 25。

由于粒子群算法中的粒子速度初值对算法的收敛速度有很大影响，因此对于预测控制，粒子的初始位置可以设为 0，粒子速度分量可以用控制量 $v_w(k), v_w(k+1), \cdots, v_w(k+N-1)$ 和 $\omega_w(k), \omega_w(k+1), \cdots, \omega_w(k+N-1)$ 表示，其初值的设定可以分为第一个采样点的优化变量的初值设定、非第一个采样点的优化变量的初值设定。

在第一个采样点的预测控制滚动优化中，由于没有合理的控制量进行参考，而且在短时域内无人机的速度和角度一般变化不大，因此可以设定粒子群优化算法的速度控制量 $v_w(k), v_w(k+1), \cdots, v_w(k+N-1)$ 的初值为 $v_w(k-1)$，角速度控制量 $\omega_w(k), \omega_w(k+1), \cdots, \omega_w(k+N-1)$ 的初值为 0，前一个采样点优化求解出来的控制量的值作为下一周期的初值。也就是说，每个预测时域内，第 N 个优化变量可以用前一时刻的控制量输出值为初值，如图 10-7 所示。

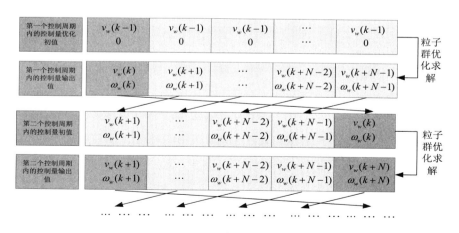

图 10-7　粒子群算法求解的初值设置

对于粒子群优化算法，收敛终止条件一般是采用达到目标最优条件或者是达到设定的最大迭代次数。因为无人机目标跟踪过程中的目标最优条件是根据跟踪环境和条件不断变化的，所以不宜采用目标最优条件来进行确定，可以以最大迭代次数作为终止条件。迭代次数越大，控制精度越高，但是计算量越大，反之亦然。具体的值可以根据控制器的硬件优劣确定。

很显然，优化性能指标 J 可以作为粒子群的适应度，但是由于容易局部最优，因此可以根据上面的方法采用遗传算法进行局部最优的处理，变异的计算公式为式（10-38）和式（10-39）。

$$child_1(x_i) = p_i parent_1(x_i) + (1-p_i)parent_2(x_i)$$
$$child_2(x_i) = p_i parent_2(x_i) + (1-p_i)parent_1(x_i)$$
（10-38）

$$child_1(V_i) = \frac{parent_1(V_i) + parent_2(V_i)}{\left|parent_1(V_i) + parent_2(V_i)\right|} \cdot \left|parent_1(V_i)\right|$$
$$child_2(V_i) = \frac{parent_1(V_i) + parent_2(V_i)}{\left|parent_1(V_i) + parent_2(V_i)\right|} \cdot \left|parent_2(V_i)\right|$$
（10-39）

p_i 是 $[0，1]$ 的随机数（经验值约为 0.2），$child$ 表示子代粒子，$parent$ 表示父代粒子。

在经典粒子群中依次更新每个粒子，在一次完整的迭代中，所有粒子的位置都要更新一次。然而，在一般的粒子群模型中，可以随机选择粒子，或像在进化算法中选择父本那样按照某种方案选择粒子。比如，性能好的粒子可能比其他的粒子更新得更频繁，也可以让粒子在迭代中得到新的引力，或者为了提高整个种群的性能重点而更新性能较差的粒子。在本章所进行的优化求解中存在相应的约束，所以还需要区分可行解和不可行解的方法。

在区分可行解和不可行解的方法时，约束违反度的计算方法是很重要的，必须先给出一个约束违反度的计算公式。

假定 M 个约束为：$g_i(x) \leqslant 0 \quad i \in M$

那么将粒子速度值代入 $g_i(x)$，如果 $g_i(x) > 0$，则约束违反度增加 1，反之为 0。那么约束度的违反值 $converse$ 为式（10-40）。

$$converse = \sum_{i=1}^{M} k_i \quad if \; g_i(x) > 0 \quad k_i = 1 \quad else \quad k_i = 0$$
（10-40）

关于具体的粒子选择策略，一般采用如下比较准则：可行个体始终优于不可行个体；若两个个体都是可行的，则选择目标函数值较优的；若两个个体都是不可行的，则选择约束违反程度较小的。

由于上述准则始终偏向选择可行解，因此一些好的不可行解在选择过程中可能会被丢弃。而在约束优化中，不可行解往往起到连接小的连续可行区域的作用，有利于算法找到可行的全局最优解。因此，丢弃好的不可行解将会影响算法获得可行的全局最优解。

为实现上述目标，采用新比较准则：当两个粒子都是可行粒子时，比较它们的目标函数值，目标函数值小的粒子为优。当两个粒子都为不可行粒子时，如果它们的约束违反度都小于给定的阈值，则目标函数值小的粒子为优；当两个粒子都大于阈值时，则约束违反度小的粒子为优。当粒子 X 不可行而粒子 Y 可行时，如果粒子 X 的约束违反度小于给定的阈值，则目标函数值小的粒子为优；否则粒子 Y 为优。

在进化初期，为了避免算法陷入局部最优，应保留数目较多的不可行解微粒；在进化后期，为了保证算法的收敛，应保留数目较少的不可行解微粒。可以采用阈值随着迭代次数而变的方法满足上述条件，提出阈值 $\varepsilon_{converse}$ 的变化公式，如式（10-41）。

$$\varepsilon_{converse} = (1 - \frac{N_{now}}{N_{\max}}) \times converse_{\max} \qquad （10\text{-}41）$$

其中 N_{now} 为现在的迭代次数，N_{max} 为最大的迭代次数，$converse_{max}$ 为最大的可能违反值。

这样就可以保证越到迭代后期，不可行解微粒越少。在快到达迭代最大次数时，不可行解微粒基本为 0。

通过上面的步骤进行迭代得到优化结果，根据优化结果输出控制量。

 ## 10.4 仿真实验

下面主要通过数值仿真来验证所设计的多无人机协同目标跟踪控制器的性能，主要考虑不同的目标机动，进行多无人机协同目标跟踪飞行控制的数值仿真，以测试协同目标跟踪飞行控制方法在不同外界条件下的控制能力。

10.4.1 目标为直线运动时的仿真实验

该仿真实验主要是验证目标在非强机动情景下的多无人机协同目标跟踪飞行控制能力，目标无加速地进行直线运动，目标估计有误差，实验的初始参数设置如表 10-1 所示。

表 10-1 协同目标跟踪的初始条件

目标初始位置和角度	目标初始速度和角速度	目标估计误差	领航无人机初始位置和角度	跟随无人机初始位置和角度
$(0, 0, \frac{\pi}{3})$	$(20, 0)$	± 5	$(-2000, -1800, \frac{\pi}{4})$	$(-2000, -1900, \frac{\pi}{4})$
领航无人机初始速度和角速度	跟随无人机初始速度和角速度	领航无人机最小和最大巡航速度	跟随无人机最小和最大巡航速度	目标跟踪距离和目标夹角
$(40, 0)$	$(40, 0)$	$(35, 45)$	$(25, 45)$	$(1000, \frac{\pi}{4})$

采用本章的方法，预测时域 $N=5$，采样间隔为 0.2，无人机角速度变化率限制为 $(-0.1, 0.1)$，采用 Matlab 的 Simulink 工具箱进行相应的仿真，仿真结果如图 10-8 到图 10-16 所示。

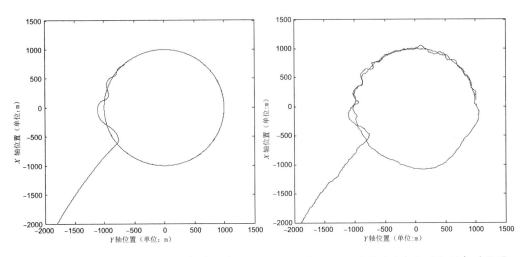

图 10-8　领航无人机与目标的相对位置　　　图 10-9　跟随无人机与目标的相对位置

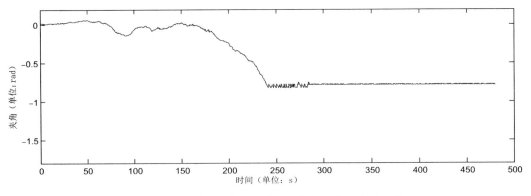

图 10-10　跟随无人机和领航无人机与目标之间的夹角

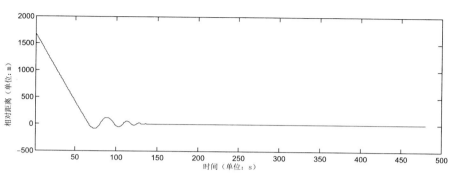

图 10-11　领航无人机与目标的相对距离误差

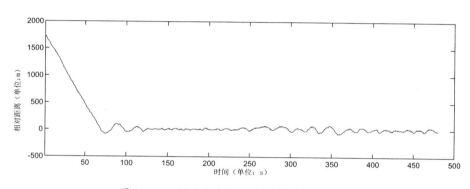

图 10-12　跟随无人机与目标的相对距离误差

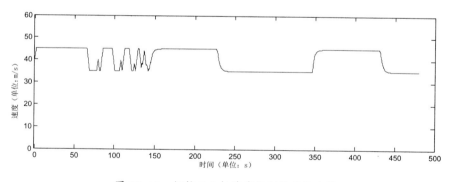

图 10-13　领航无人机速度控制量变化曲线

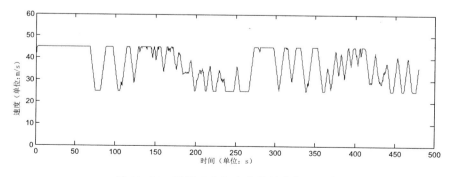

图 10-14　跟随无人机速度控制量变化曲线

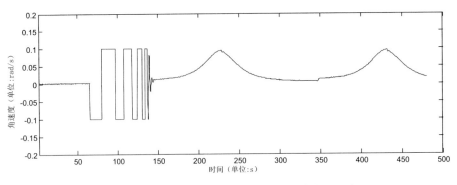

图 10-15　领航无人机偏航角速度控制量变化曲线

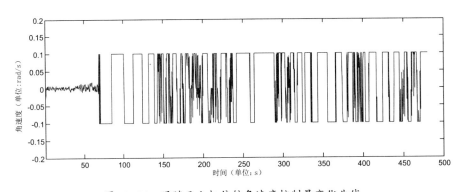

图 10-16　跟随无人机偏航角速度控制量变化曲线

通过图 10-11 与图 10-12 可以看出：通过本章的方法，两架无人机最终能够与目标保持预定的距离，同时跟随无人机的误差相对较大一些，符合在跟随无人机与目标的相对距离接近目标值后，放宽距离误差调节相对角度误差的控制思路。

通过图 10-10 可以看出：两架飞机的夹角最终会保持为 $-\dfrac{\pi}{4}$，因为无人机围绕目标做顺时针盘旋时，夹角值取反，符合两架无人机保持 $\dfrac{\pi}{4}$ 夹角的要求。

通过上面的分析可知：在目标进行直线运动时，通过本章的方法能够较好地实现协同目标跟踪飞行控制。

10.4.2 目标为机动运动时的仿真实验

该仿真实验主要是验证目标在较强机动情况下的多无人机协同目标跟踪飞行控制能力。假设的跟踪情景为：目标先以 $-\dfrac{\pi}{100}$ rad/s 的角速度进行运动，100s 后转弯至 X 轴方向进行直线运动，200s 后转弯至以与 Y 轴夹角为 $\dfrac{\pi}{3}$ 的角度进行直线运动，300s 后以 Y 轴方向进行直线运动，目标进行直线运动时有 ±0.001rad/s 的角速度噪声，目标位置有估计误差。实验的初始参数设置如表 10-2 所示。

表 10-2　协同目标跟踪的初始条件

目标初始位置和角度	目标初始速度和角速度	目标估计误差	领航无人机初始位置和角度	跟随无人机初始位置和角度
$\left(0,0,\dfrac{\pi}{2}\right)$	$(20,0)$	± 5	$\left(-2000,-1800,\dfrac{\pi}{4}\right)$	$\left(-2000,-1900,\dfrac{\pi}{4}\right)$
领航无人机初始速度和角速度	跟随无人机初始速度和角速度	领航无人机最小和最大巡航速度	跟随无人机最小和最大巡航速度	目标跟踪距离和目标夹角
$(40,0)$	$(40,0)$	$(35,45)$	$(25,45)$	$\left(1000,\dfrac{\pi}{4}\right)$

　　预测时域 $N=5$，无人机角速度变化率限制为（-0.1,0.1），采用 Matlab 的 Simulink 工具箱进行相应的仿真，仿真结果如图 10-17 到图 10-25 所示。

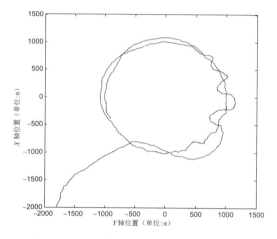

图 10-17　领航无人机与目标的相对位置

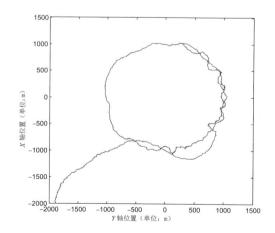

图 10-18　跟随无人机与目标的相对位置

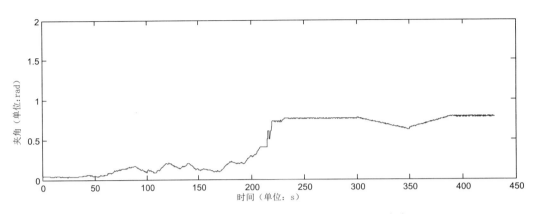

图 10-19　跟随无人机和领航无人机与目标之间的夹角

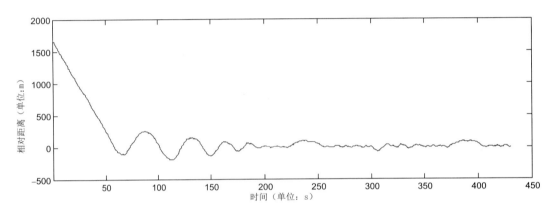

图 10-20　领航无人机与目标的相对距离和预设距离的误差

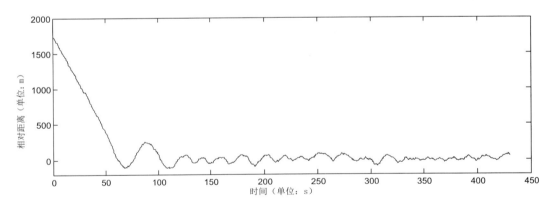

图 10-21　跟随无人机与目标的相对距离和预设距离的误差

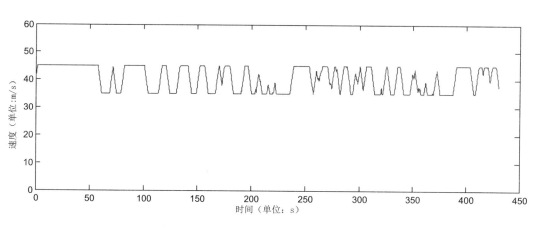

图 10-22　领航无人机速度控制量变化曲线

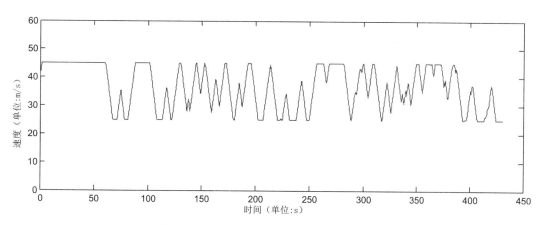

图 10-23　跟随无人机速度控制量变化曲线

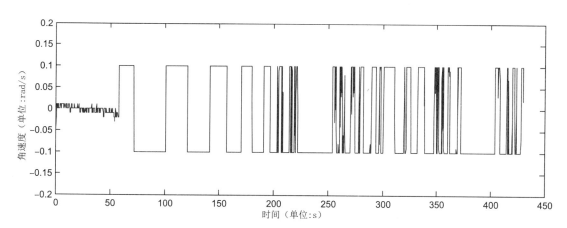

图 10-24　领航无人机偏航角速度控制量变化曲线

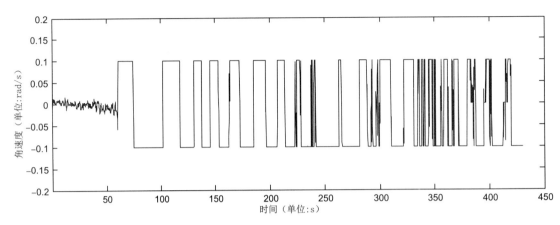

图 10-25　跟随无人机偏航角速度控制量变化曲线

通过仿真图可以看出，目标进行机动运动时，如果以一定的角速度运动或者突然转弯，则领航无人机和跟随无人机的跟踪距离误差相对于目标进行直线运动时大一些，而且两架无人机与目标之间的夹角误差也会大一些。但只要最终目标能够直线匀速运动，通过控制器的调节最终能使误差在允许范围之内，就能够较好地完成目标跟踪。通过图 10-19 可以看出：两架飞机的夹角最终会保持为 $\frac{\pi}{4}$。

同时，根据上述两种情景的无人机协同目标跟踪的 Matlab 的仿真实验过程来看，仿真程序在普通 PC 机进行无人机预测控制的一次滚动优化的时间低于 0.2s。而采用高速的专用芯片运行，速度只会更快，显然能够满足控制的实时性要求。所以采用基于粒子群算法的预测控制进行目标跟踪，控制既能达到控制要求，又能满足实时性要求。

10.5　本章小结

本章建立了协同目标跟踪飞行控制模型，提出了基于粒子群预测控制的无人机协同目标跟踪飞行控制方法。采用领航跟随法，领航无人机采用单机目标跟踪飞行控制的方法进行控制；对于跟随无人机，先在地面坐标系建立了无人机协同目标跟踪相对运动模型，然后确定性能指标，将其预测控制问题转化为多目标约束非线性规划问题。利用改进的分层序列法将该问题转化成两个非线性单目标优化问题，采用粒子群算法进行非线性优化，并针对约束和局部收敛问题，用区分可行解和不可行解的方法进行约束处理。采用基因变异的思想解决局部收敛问题，提出了无人机协同目标跟踪预测控制的滚动优化基本步骤。最后通过仿真实验验证了控制策略的有效性。

第11章
多无人机协同航迹规划方法

　　无人机航迹规划就是指根据已知的敌情和地形信息，从出发点到目标点，寻求一条满足无人机飞行性能约束的、生存概率最大、完成任务最佳、综合指标最优的飞行路线。

　　无人机航迹规划技术涉及飞行力学、自动控制、导航、雷达、火控、作战效能分析、人工智能、运筹学、计算机和图像处理等多个学科和专业，需要考虑的问题很多。总体来说，需要解决地形/敌情信息处理和建模、威胁突防模型、航迹规划算法三个方面的关键问题。

　　本章将针对编队飞行中的无人机航迹规划问题，从规划算法进行研究，并进行仿真验证。

航迹规划常用算法

目前，航迹规划技术在国内外都是航空领域研究的热点技术，但其主要工作集中在航迹规划算法研究上，研究较多的算法有以下几种。

1. 基于 Voronoi 图的二维路径规划

Voronoi 图是根据威胁点的位置依次做出相邻两个威胁点的中垂线，从而形成围绕各个威胁点的多边形。这个多边形的边界就是所有可飞的航迹，然后给出这些边界的权值，最后使用某种优化算法来搜索最优的航迹。但其一般只适用于二维空间，将其扩展到三维空间时，Voronoi 图的构造相对比较复杂，且在边界处的构建问题不易解决。

2. 动态规划法

动态规划的基本思想是将一个多步最优决策问题转化成多个一步最优决策问题。可以根据导航系统的精度和数字地图的误差等因素，将搜索空间划分成栅格，以栅格作为动态规划搜索的路径点，用以确定无人机的安全走廊和参考轨迹，求解出来的最优解是由一系列栅格点组成的路径点集合。其缺点是对于大范围的搜索容易出现组合爆炸问题。

3. A* 搜索算法

A* 搜索算法通过从起始节点出发，不断地寻找有希望以最小代价通向目标点的节点，并优先扩展这些能够使目标函数值较小的节点，从而形成一个节点集，集合内的这些节点的有序连接即为所求优化路径。A* 搜索算法的搜索过程实际上是被选节点的扩展过程，它有一种潜能，可以用最少的估价源找到最近的优化路径。在确定优化路径后，要进行航迹点的回溯，计算是否满足任务系统中设定的燃油、时间、速度等约束条件（这些约束条件有一定的顺序）。如果不能满足所有的约束条件，则规划失败，必须重新规划并修改有关参数。在进行节点扩展时，可以把无人机的飞行性能约束考虑进去，只对满足约束要求的节点进行扩展，这样既缩减了搜索的节点数目，又保证了规划出来的航迹满足无人机的飞行性能要求。

4. 遗传算法

遗传算法提供了一种求解复杂问题的通用框架，它效仿生物的遗传和进化，根据优胜劣汰的原则，借助复制、杂交、变异等操作，使所要解决的问题从初始解一步步逼近最优解。其包括五个要素：染色体编码、初始群体、适应度函数、遗传操作和控制参数。遗传算法利用简单的编码技术和繁殖机制来表现复杂的现象，从而解决非常困难的问题。特别是由于它不受搜索空间的限制性假设的约束，不必做诸如连续性、导数存在和单峰等假设，也不必要求固有的并行性，因此具有传统优化方法无法比拟的优点，在航迹规划领域得到了广泛应用。需要说明的是，遗传算法作为一种全局最优算法，一般可以很快收敛到最优解附近。但是接近最优解后，收敛速度可能会变得很慢，可以考虑在收敛到次优解后采用其他的搜索技术。

5. 蚁群算法

蚁群算法是模仿蚂蚁活动的新的仿生类算法，作为一种随机优化方法，它吸收了蚂蚁的行为特性，通过其内在的搜索机制，在一系列的困难组合优化问题求解中取得了成效。同样，蚁群算法也不受搜索空间限制性假设的约束，不必要求诸如连续性、导数存在和单峰等假设。另外，蚁群算法的搜索具有良好的动态特性，因而在航迹规划中的应用较为广泛。

6. 基于粒子群优化（Particle Swarm Optimization, PSO）的航迹规划算法

粒子群优化算法是近年来提出的一种新的基于随机搜索策略的优化计算方法，源于对鸟群寻觅食物过程的模拟。该算法由一组粒子组成，每个粒子都在优化设计空间中进行搜索，并且根据粒子群中适应度最好的个体位置和本个体找到的适应度最好的位置求解速度大小，搜索其方向，然后根据该速度更新个体的位置。

此外，还有很多其他算法，如贝叶斯优化算法、人工势场法、模拟退火法等。需要说明的是，在实际应用中，往往不是使用单一的航迹规划算法，而是分阶段使用不同的规划算法。这样既能保证整体航迹在某种性能指标下最优，又便于在复杂环境下实现规划的实时性。

改进动态规划算法的航迹规划

由于智能算法是进行全局搜索，搜索节点数量较大，因此在进行航迹规划时所需时间较长。本节针对此问题，提出了一种栅格退化与动态规划相结合的方法，此方法能够有效地减少路径搜索节点，并且不会丢失关键点，大大降低了航迹生成的时间。

11.2.1 路径节点生成

栅格分解又称四叉树法，是较早提出的应用于机器人路径规划的一种图论方法。该方法通过多层次分解对活动空间进行基本栅格分解，分解策略为将障碍物图形分解成单元栅格，若某个栅格内的单位方格全在障碍物以外的自由空间，则定义此栅格为"白"。反之，若某个栅格内的单位方格全在障碍物空间，则定义此栅格为"黑"。如果一个栅格既有黑又有白，则称之为"灰"，当"灰"

栅格被选定为路径点时，将再次分解为"白""黑"与"灰"，直到路径全部经过"白"栅格为止。

但是栅格分解存在以下几个缺点。

（1）该方法在处理障碍物边缘时需要的计算量很大。并且在遇到狭长路径时，若单位方格选取的半径较大，则会丢失很多可行路径；若选取较小半径的单位方格，虽然不会丢失狭窄路径，但会增加计算量。

（2）该方法并不能保证找到最短路径，如图 11-1（a）所示。

这种缺陷可以通过引入一种新的数据结构——"栅格框"来解决。有人提出了框架四叉树（framed-quadtree）方法，如图 11-1（b）所示，在障碍物周围产生由一系列尽可能小的方格组成的边框，从而得到较短路径。但该方法在面对复杂地形时，不仅会导致地形局部失真，并且计算量也是相当大的。

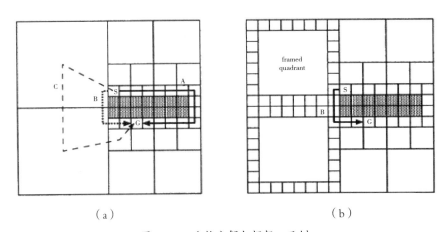

（a）　　　　　　　　　　　　　（b）

图 11-1　方格分解与框架四叉树

针对以上方法存在的缺陷，需要提出一种路径近似优化的方法，本节采用三角栅格来代替单位方格，对空间进行三角分解。首先将空间分解为有规则的、相同大小的三角形基本栅格，障碍物也被分解成为若干个三角形，通过特定规则使网格退化后，障碍物将被完全包含在一个简化的多边形中，这个多边形满足以下几点。

（1）由有限的节点和边缘构成。

（2）将障碍物完全包含在内部。

（3）其边缘的长度满足一定的约束条件。

而在障碍物以外的自由空间，采用随机分布式节点构成路径节点，从而解决边缘过长的问题，原理如图 11-2 所示。

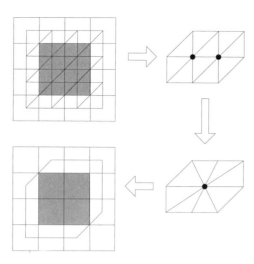

图 11-2　三角形退化

此后，由自由空间中的节点与障碍物边缘的顶点共同组成路径节点。在确定路径节点后，一条精确的路径将会从这些节点中萃取出来，而这种路径生成方法的速度，将会远远快于栅格分解以及智能全局寻优算法的速度，这是因为路径选取的节点数大大减少。此外，三角栅格方法还能尽量保证障碍物的外形，而自由空间中的随机分布式节点能够保证找到最短路径。

栅格退化采用图 11-3 所示的一种边缘塌陷方法。

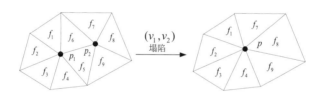

图 11-3　边缘塌陷

由节点 p_1 和 p_2 确定的边（p_1，p_2）塌陷后，节点由 p_1 和 p_2 变成了 p，从而使图形得到简化。而对于一个给定的二维空间，在基本栅格初始化后，如何进行边缘塌陷与栅格退化，才能使得障碍物的边缘顶点满足要求是需要解决的问题。

下面设计一种边缘塌陷方案。首先，将给定的二维空间 (x_i, y_i) 转化为三维空间 (x_i, y_i, z_i)，三维空间中 x_i 与 y_i 的坐标与二维空间相同，z_i 的选取与二维坐标所确定的位置有关。如果 (x_i, y_i) 在障碍物以外的自由空间，则 $z_i = 0$，如果 (x_i, y_i) 在障碍物的内部或边缘，则 $z_i = \sigma$（$\sigma \neq 0$）。

经过维数变化以后，下面构造边缘塌陷权值函数。

根据几何知识，已知三角形的三个顶点 (x_1, y_1, z_1)，(x_2, y_2, z_2)，(x_3, y_3, z_3)，可得任意两边的向量如式（11-1）。

$$\vec{\alpha} = (x_2 - x_1, y_2 - y_1, z_2 - z_1)$$
$$\vec{\beta} = (x_3 - x_1, y_3 - y_1, z_3 - z_1)$$

（11-1）

则三角形平面的法向量为式（11-2）。

$$
\begin{aligned}
\vec{f} = \vec{\alpha} \times \vec{\beta} &= \begin{vmatrix} \vec{i} & \vec{j} & \vec{k} \\ x_2 - x_1 & y_2 - y_1 & z_2 - z_1 \\ x_3 - x_1 & y_3 - y_1 & z_3 - z_1 \end{vmatrix} \\
&= [(y_2 - y_1)(z_3 - z_1) - (y_3 - y_1)(z_2 - z_1)]\vec{i} - \\
&\quad [(x_2 - x_1)(z_3 - z_1) - (z_2 - z_1)(x_3 - x_1)]\vec{j} + \\
&\quad [(x_2 - x_1)(y_3 - y_1) - (y_2 - y_1)(x_3 - x_1)]\vec{k}
\end{aligned}
$$

（11-2）

由点法式可得其平面方程为式（11-3）。

$$A(x - x_1) + B(y - y_1) + C(z - z_1) = 0$$

（11-3）

其中有式（11-4）。

$$
\begin{aligned}
A &= (y_2 - y_1)(z_3 - z_1) - (y_3 - y_1)(z_2 - z_1) \\
B &= (z_2 - z_1)(x_3 - x_1) - (x_2 - x_1)(z_3 - z_1) \\
C &= (x_2 - x_1)(y_3 - y_1) - (y_2 - y_1)(x_3 - x_1)
\end{aligned}
$$

（11-4）

化为标准式为式（11-5）。

$$Ax + By + Cz - (Ax_1 + By_1 + Cz_1) = 0$$

（11-5）

于是有式（11-6）。

$$D = -(Ax_1 + By_1 + Cz_1)$$

（11-6）

运用空间内点到直线的距离公式，可以构造 $\boldsymbol{K}_f$（也可适当增加耦合项的权值），如式（11-7）。

$$
\boldsymbol{K}_f = \begin{bmatrix} A^2 & AB & AC & AD \\ AB & B^2 & BC & BD \\ AC & BC & C^2 & CD \\ AD & BD & CD & D^2 \end{bmatrix}
$$

（11-7）

$\boldsymbol{K}_f$ 代表三角形的倾斜系数。针对任意一个节点构造 Q_p，如式（11-8）。

$$Q_p = \sum_{f \subset p} \boldsymbol{K}_f$$

（11-8）

Q_p 代表与某一节点相关的所有三角形的倾斜系数之和。

构造任意相关节点的边缘塌陷权值函数，如式（11-9）。

$$\cos t = \vec{p}^{\mathrm{T}}(Q_{p1} + Q_{p2})\vec{p} \qquad （11-9）$$

其中有式（11-10）。

$$p = \frac{p_1 + p_2}{2} \qquad （11-10）$$

即 p_1 和 p_2 两节点塌陷后，产生的新节点 p 为 p_1 和 p_2 的中点。

设计程序算法流程如下。

第 1 步：生成初始三角栅格，计算栅格中每一个节点的 Q_p。

第 2 步：计算 p_1 和 p_2 塌陷后的新节点 p，并计算边缘塌陷权值函数 $\cos t$。

第 3 步：取 $\cos t$ 最小值的边开始进行塌陷操作，每塌陷一次后，更新所有节点。

第 4 步：更新节点后，返回第 2 步，直到 $\cos t$ 的最小值达到限定值即停止塌陷。

第 5 步：确定障碍物以外的自由空间，产生随机节点，且满足 $d(p_i, p_j) \le \xi$，其中 $d(p_i, p_j)$ 表示任意两个相邻随机点的距离，ξ 为限制参数。

第 6 步：存储随机节点与边缘顶点作为路径节点。

仿真如图 11-4 所示。

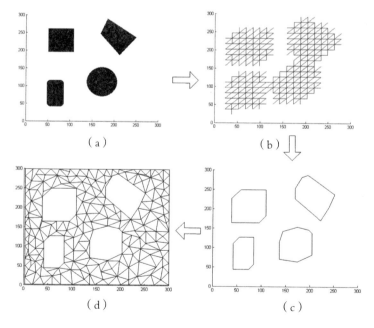

图 11-4　生成节点

11.2.2 最短路径生成

对于已生成的路径节点，可以采用动态规划进行解决。为了进一步提升路径生成的速度，本章采用一种变域动态规划方法，可以有效地减少路径节点，从而加快寻优速度，如图 11-5 所示。

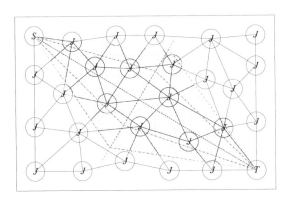

图 11-5　动态规划节点选取

具体方法为：连接起始点（S）与目标点（T），确定路径方向，在连线周围确定一个覆盖区域 Ω，覆盖区域内的节点为规划节点。根据需要调整覆盖区域的大小，可得到最优路径。

设计程序算法流程如下。

第 1 步：连接起始点（S）与目标点（T），并确定中心位置及垂直平分线。

第 2 步：在垂直平分线上取对称的两点，并且两点间的距离为 2σ，连接起始点、目标点及两个对称点，构成覆盖区域 Ω。

第 3 步：选择覆盖区域内的节点进行动态规划，寻找最短路径。若无满足条件的节点，则取对称点间距 $2k\sigma$，其中 $k = 1, 2, \cdots, n$。并返回第 2 步。

动态规划基本递推方程为式（11-11）。

$$J^*[x(k),k] = \min_{u(k)\in\Omega}\left\{L[x(k),u(k),k] + J^*[x(k+1),k+1]\right\}$$
$$(k = 0,1,\cdots,N-1)$$

（11-11）

从而得到最短路线及路径节点。

飞行器的飞行航路需根据飞行器的机动性能决定，即要求航路尽量平滑。而由上述方法产生的航迹为折线，因此下面采用线性最小二乘拟合的方法对路径节点进行平滑处理。

采用 Matlab 的线性最小二乘拟合对路径节点进行拟合，这里采用多项式拟合，其命令为式（11-12）。

$$A = polyfit(x, y, m)$$

（11-12）

其中 $x = (x_1, x_2, \cdots, x_n)$，$y = (y_1, y_2, \cdots, y_n)$，$A = (a_1, a_2, \cdots, a_n)$。

多项式在 x 处的 y 值可用式（11-13）命令计算。

$$y = polyval(A, x) \qquad (11\text{-}13)$$

11.2.3 仿真验证

仿真中，选取 300×300 带障碍物的规划空间，将起始点定在（20，280）的位置，目标点在（290，50），飞行器飞行速度为 3/s，航迹偏角最大值为 450。用上述算法进行仿真，并进行线性拟合后，仿真结果如图 11-6 所示。

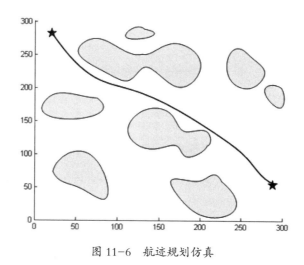

图 11-6　航迹规划仿真

实验在 CPU 1.6GHz 的计算机上进行，软件环境为 Matlab7.01，网格初始化用时约 5s，网格退化及节点生成用时约 2s，路径生成不到 1s。仿真实验验证了该算法的可行性，但是该算法对于二维空间比较适用，对于三维航迹规划问题无法适用，所以该方法不满足仿真系统的要求。下面采用一种改进遗传算法对三维空间的航迹规划问题进行研究。

11.3　改进遗传算法的多约束航迹规划

改进遗传算法的多约束航迹规划是在对传统航迹编码方式进行改进的基础上，实现满足约束的航迹染色体解码，建立地形与威胁模型和航迹适应度函数，最后进行遗传操作算子设计，从而实现航迹自动规划。

11.3.1 航迹编码方式改进

首先对比分析常用的航迹编码方式,然后从中选择一种编码方式进行优化改进。

1. 常用航迹编码方式

目前,在利用遗传算法进行航迹规划时,常用的编码方式有航迹点空间坐标编码方式、飞行方向编码方式、多频率正弦波编码方式和航迹极坐标编码方式。

(1)航迹点空间坐标编码方式是一种变长实值基因编码方式。每一条染色体表示一条飞行航迹,染色体的每一个基因除了记录航迹节点的空间坐标(x_i, y_i, z_i)外,还包含状态变量 b_i,它记录航迹是否可行等附加信息。这种编码方式需要进行航迹三维搜索,效率不高,且航迹规划约束不好解决。

(2)飞行方向编码方式能够解决飞行方向的约束,但只适用于几个固定的偏航角离散值,且各网格节点的可选方向集和可行方向集的构造比较复杂,通过交叉和变异操作,会产生大量的不可行解。

(3)多频率正弦波编码方式,即利用多频率的正弦波来表示航迹。在角频率组固定的情况下,使用幅值组来构造染色体。根据特殊的角频率定义,该方法能够严格地经过起始点和目标点,通过对基因幅值进行限制,设计出来的航迹不会偏离飞行区域,同时满足无人机最小转弯半径的要求。这种编码方式虽然降低了信息处理量,但需要适当选取频率个数和群体规模,否则会影响优化过程的收敛速度。

(4)航迹极坐标编码方式,即根据航迹规划的起始点和目标点来构造极坐标系,采用航迹点在该极坐标系下的极坐标序列来描述航迹。该方法能够较好地与航迹规划约束相结合,但染色体的编码解码过程比较复杂,航迹规划比较耗时。

除了上述几种编码方式外,还有以航路点信息构造染色体的编码方式,其中,航路点信息包括无人机到目标的距离、与目标点的方位角和高低角。还有一些其他的编码方式,但这些编码方式均不能保证收敛到目标点,且规划出来的航路不一定可行。

综上所述,本章采用航迹极坐标编码方式,并对其作出了局部改进,将航迹规划约束引入编码方式中,以解决多约束条件下的无人机航迹规划问题。

2. 航迹极坐标编码方式的改进

航迹极坐标编码方式是一种利用航迹点极坐标序列来表示无人机航迹的编码方式,如图 11-7所示。

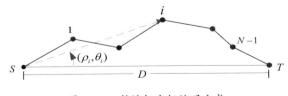

图 11-7　航迹极坐标编码方式

把航迹规划的起始点 S 作为极坐标系的原点 O，起始点 S 与目标点 T 的连线为极坐标系的极轴，即得该极坐标系。若在该极坐标系下，起始点 S 的极坐标记为 (ρ_s, θ_s)，则有 $\rho_s = 0$，$\theta_s = 0$。若目标点的极坐标记为 (ρ_T, θ_T)，则有 $\rho_T = D$，$\theta_T = 0$，D 为航迹规划起始点和目标点之间的直线距离；若整个无人机航迹共分 N 段，则无人机航迹可以由一系列航迹点在极坐标系下的极坐标表示：(ρ_S, θ_S)，(ρ_1, θ_1)，…，$(\rho_{N-1}, \theta_{N-1})$，$(\rho_T, \theta_T)$。

这种航迹表示方式是二维的，若用上述极坐标序列作为航迹编码，则每个航迹点基因由两个量组成，稍显复杂，且无法把航迹规划约束加入染色体编码中。为了缩减搜索空间，对规划区域进行简单处理，即将规划区域按照一定长度分为若干个扇形区域，根据航迹尽可能短的原则，航迹不能迂回前进，可令无人机的各航迹点依次位于各个圆弧上。

如图 11-8 所示，R_1，R_2，R_3 为无人机在敌防空区域遭遇到的三个雷达探测威胁，圆半径的大小表示雷达的最大作用距离，圆的密度表示雷达探测能力的强弱。S、T 分别为航迹规划的起始点和目标点。$(1, 2, \cdots, N-1)$ 分别为无人机航迹点的序号，它们与 S、T 构成无人机的 N 个航迹段。在上述的航迹极坐标编码方式下，航迹点 $(1, 2, \cdots, N-1)$ 的极径依次为 $1\rho_0$，$2\rho_0$，$3\rho_0$，$\cdots$，$(N-1)\rho_0$。其中，ρ_0 为航迹点 1 所在圆弧的半径，且 $\rho_0 = \rho_T / N$。

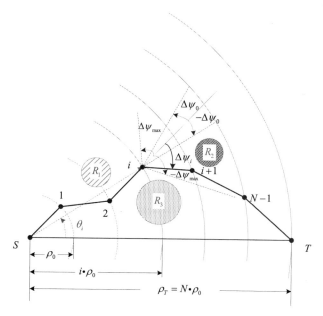

图 11-8 基于航迹偏角的极坐标编码方式

经过这样的处理，航迹染色体的基因位就变成了一维，缩减了一半，只需要对航迹点的极角进行编码即可。若航迹点编码为 $(\theta_1, \theta_2, \cdots, \theta_{N-1})$，结合起始点和目标点的极坐标，则该条航迹的极坐标序列为式（11-14）。

$$(\rho_S,\theta_S),(1\rho_0,\theta_1),(2\rho_0,\theta_2),\cdots,((N-1)\rho_0,\theta_{n-1}),(\rho_T,\theta_T) \tag{11-14}$$

通过把式（11-14）所示的航迹点极坐标序列解码转换到规划空间的直角坐标系中，就得到了直角坐标系下的航迹点数据。

航迹染色体是由一系列的航迹点极角组成的，每一个航迹点的极角取值即为航迹染色体的一个基因。但是，直接以航迹点极角作为基因编码可能会出现如下问题：由于染色体的基因随机取值，可能使相邻航迹点极角相差很大，从而使相邻航迹段之间的夹角不满足无人机最大航迹偏角的限制，导致不可行解（即无人机不可飞的航迹）的产生。

因此，采用基于航迹偏角的改进极坐标编码方式，可以将更多的航迹规划约束引入染色体编码方式中。

若某航迹染色体的第 i 个基因值为 g_i，则表示航迹中第 i 个航迹段 $[i-1, i]$ 偏离第 $i-1$ 个航迹段 $[i-2, i-1]$ 的航迹偏角为 $\Delta\psi_i = g_i$，且 $\Delta\psi_i$ 取值时受到限制，即 $|\Delta\psi_i| \leq \Delta\psi_{\max}$，其中 $\Delta\psi_{\max}$ 为无人机的最大航迹偏角。

然而，在实际的染色体初始化赋值和进化计算过程中，采用航迹偏角 $\Delta\psi_i$ 直接计算比较复杂。因此，可以给出一个航迹偏角调整尺度 $\Delta\psi_0$，用相邻航迹段的航迹偏角相对于 $\Delta\psi_0$ 的倍数作为染色体编码的基因位，即若某航迹染色体的第 i 个基因的值为 g_i，则表示航迹中第 i 个航迹段 $[i-1, i]$ 偏离第 $i-1$ 个航迹段 $[i-2, i-1]$ 的航迹偏角 $\Delta\psi_i = g_i \cdot \Delta\psi_0$。$\Delta\psi_0$、$\Delta\psi_i$、$\Delta\psi_{\max}$ 的含义如上页的图 11-8 所示。

若 $\Delta\psi_{\max} / \Delta\psi_0 = M$，则航迹染色体各基因位的取值范围为式（11-15）。

$$g_i \in \left[-M,\cdots,-2,-1,0,1,2,\cdots,M\right] \tag{11-15}$$

这里规定，当 $g_i = 0$ 时，表示下一段航迹与前一段航迹同方向；当 $g_i > 0$ 时，表示航迹向上偏；当 $g_i < 0$ 时，表示航迹向下偏。

当 M 确定时，航迹偏角调整尺度的最大取值为无人机最大航迹偏角的 $1/M$，即。$\Delta\psi_0 \leq \Delta\psi_{\max}/M$ 若要提高优化精度，可令航迹偏角调整尺度 $\Delta\psi_0$ 减小，基因的取值范围增大，扩展为式（11-16）。

$$g_i \in \left[-\text{int}\left(\frac{\Delta\psi_{\max}}{\Delta\psi_0}\right),\cdots,0,\cdots,\text{int}\left(\frac{\Delta\psi_{\max}}{\Delta\psi_0}\right)\right] \tag{11-16}$$

这种基于航迹偏角的编码方式，可以解决无人机航迹规划中的以下三个约束。

（1）式（11-16）所示的基因表达方式和取值范围已经把最大航迹偏角约束 $\Delta\psi_{\max}$ 固化进染色体编码中，产生的航迹染色体不会产生不可行解。

（2）通过选取合适的 ρ_0，可满足无人机的最小航迹步长 l_{min} 的要求。若满足 $\rho_0 \geq l_{min}$，必然会有每条航迹段 $[i-1, i]$ 的长度大于 l_{min}。因此，由最小航迹步长确立出来的最大航迹节点数为 $N_{max1} = \rho_T / l_{min} + 2$，即把 l_{min} 的限制转化为航迹节点数 N_{max1} 的限制。

（3）若无人机飞行控制计算机由于存储量的限制，容许加载航路数据的最大航路点数为 N_{max2}，则最终确定的航迹染色体的长度为 $N = \max\left(N_{max1}, N_{max2}\right)$。

11.3.2 满足约束的航迹染色体解码实现

染色体解码实际上是编码的一个逆过程，即从得到的染色体序列中求出对应航迹点在规划空间中的原数字地图坐标系中的直角坐标（经纬度坐标），其全过程如图 11-9 所示。

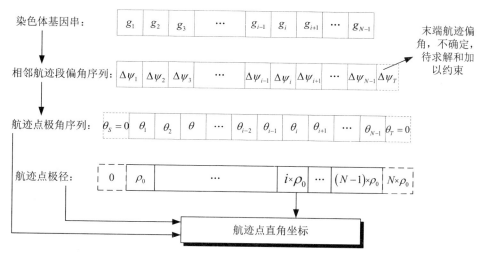

图 11-9　染色体解码过程

若按航迹偏角极坐标编码方式得到的染色体基因串为 $g_1, g_2, \cdots, g_{i-1}, g_i, \cdots, g_{N-1}$，则由该基因串得到各对应航迹点在原数字地图坐标系下直角坐标的过程，即染色体解码过程分为以下几步进行。

（1）由染色体基因串 $g_1, g_2, \cdots, g_{i-1}, g_i, \cdots, g_{N-1}$ 得到对应相邻航迹段偏角序列 $\Delta\psi_1, \Delta\psi_2, \cdots, \Delta\psi_{i-1}, \Delta\psi_i, \cdots, \Delta\psi_{N-1}$，其中 $\Delta\psi_i = g_i \cdot \Delta\psi_0$，$\Delta\psi_0$ 为航迹偏角调整尺度。

（2）由航迹偏角序列 $\Delta\psi_1, \Delta\psi_2, \cdots, \Delta\psi_{i-1}, \Delta\psi_i, \cdots, \Delta\psi_{N-1}$，求解各航迹点在极坐标系下的极角 $\theta_1, \theta_2, \cdots, \theta_i, \cdots, \theta_{N-1}$。

（3）由航迹点编号，得到对应航迹点极径 $1\rho_0, 2\rho_0, \cdots, i\rho_0, \cdots, (N-1)\rho_0$。

（4）由航迹点在航迹极坐标系下的极坐标 $(i\rho_0, \theta_i)$ 求解航迹点在原数字地图坐标系下的直角坐标 (x_i, y_i)。

关于航迹极坐标的求解，由相邻航迹段偏角序列 $\Delta\psi_1, \Delta\psi_2, \cdots, \Delta\psi_{i-1}, \Delta\psi_i, \cdots, \Delta\psi_{N-1}$ 求解各航迹点在极坐标系下的极角 $\theta_1, \theta_2, \cdots, \theta_i, \cdots, \theta_{N-1}$ 时，主要采用逐步迭代的思想。即在当前这一步中，由当前航迹段 $[i-1, i]$ 相对于上一航迹段 $[i-2, i-1]$ 的航偏角 $\Delta\psi_i (i \geq 3)$（由基因编码决定），以及前两个航迹点极角 θ_{i-1}、θ_{i-2}（为上两步已经求出的结果，$i \geq 3$），得到当前航迹极角 θ_i，其中 θ_1、θ_2 为迭代的初始值。

由图 11-10 可以看出，初始航迹段 $[S, 1]$ 相对于极轴（起始点 S 与目标点 T 连线方向）的偏角 $\Delta\psi_1$ 为航迹点 1 的极角，即式（11-17）。

$$\theta_1 = \Delta\psi_1 \tag{11-17}$$

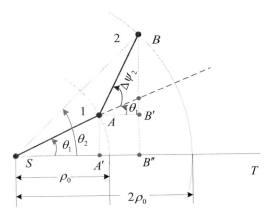

图 11-10　迭代初始值求解

在 $\triangle ABB'$ 中，有式（11-18）。

$$\tan\angle BAB' = \frac{BB'}{AB'} = \frac{BB'}{A'B''} = \frac{BB'' - B'B''}{SB'' - SA'} \tag{11-18}$$

即有式（11-19）。

$$\tan(\Delta\psi_2 + \theta_1) = \frac{2\rho_0 \cdot \sin\theta_2 - \rho_0 \cdot \sin\theta_1}{2\rho_0 \cdot \cos\theta_2 - \rho_0 \cdot \cos\theta_1} = \frac{2\sin\theta_2 - \sin\theta_1}{2\cos\theta_2 - \cos\theta_1} \tag{11-19}$$

求解得式（11-20）。

$$\theta_2 = \Delta\psi_2 + \theta_1 + \arcsin\left[\frac{1}{2}\sin(-\Delta\psi_2)\right] \tag{11-20}$$

若 $\Delta\psi_2 > 0$，表示航迹向上偏，则有 $\theta_2 > \theta_1$；若 $\Delta\psi_2 < 0$，表示航迹向下偏，则有 $\theta_2 < \theta_1$；若 $\Delta\psi_2 = 0$，表示航迹不改变方向，则有 $\theta_2 = \theta_1$。这与编码中各基因正负取值的含义一致。

由式（11-17）式（11-20）可得后面迭代求解的初始值 θ_1、θ_2。

关于迭代过程，由航迹点极角 θ_{i-2}，θ_{i-1}，航迹段偏角 $\Delta\psi_i$ 来求解极角 θ_i（$3 \leq i \leq N-1$）的转

换关系，如图 11-11 所示。

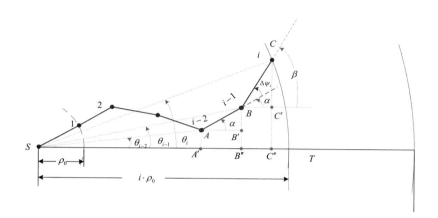

图 11-11　迭代过程

在图 11-11 中，若用 α 表示航迹段 $[i-2, i-1]$ 与极轴的夹角，β 表示航迹段 $[i-1, i]$ 与极轴的夹角，则有式（11-21）。

$$\beta = \Delta\psi_i + \alpha \tag{11-21}$$

在 $\triangle ABB'$ 中，有式（11-22）。

$$\tan\angle BAB' = \frac{BB'}{AB'} = \frac{BB'}{A'B''} = \frac{BB'' - B'B''}{SB'' - SA'} \tag{11-22}$$

则有式（11-23）。

$$\tan\alpha = \frac{(i-1)\cdot\sin\theta_{i-1} - (i-2)\cdot\sin\theta_{i-2}}{(i-1)\cdot\cos\theta_{i-1} - (i-2)\cdot\cos\theta_{i-2}} \tag{11-23}$$

得式（11-24）。

$$\alpha = \arctan\left[\frac{(i-1)\cdot\sin\theta_{i-1} - (i-2)\cdot\sin\theta_{i-2}}{(i-1)\cdot\cos\theta_{i-1} - (i-2)\cdot\cos\theta_{i-2}}\right] \tag{11-24}$$

而在 $\triangle CBC'$ 中，有式（11-25）。

$$\tan\angle CBC' = \frac{CC'}{BC'} = \frac{CC'}{B''C''} = \frac{CC'' - C'C''}{SC' - B''C''} \tag{11-25}$$

即有式（11-26）。

$$\tan\beta = \frac{i\cdot\rho_0\cdot\sin\theta_i - (i-1)\cdot\rho_0\cdot\sin\theta_{i-1}}{i\cdot\rho_0\cdot\cos\theta_i - (i-1)\cdot\rho_0\cdot\cos\theta_{i-1}} = \frac{i\cdot\sin\theta_i - (i-1)\cdot\sin\theta_{i-1}}{i\cdot\cos\theta_i - (i-1)\cdot\cos\theta_{i-1}} \tag{11-26}$$

将式（11-21）代入式（11-26）中，得式（11-27）。

$$\theta_i = \Delta\psi_i + \alpha + \arcsin\left\{\frac{i-1}{i}\cdot\sin\left[\theta_{i-1}-(\Delta\psi_i+\alpha)\right]\right\}\qquad(11\text{-}27)$$

其中，α 由式（11-24）求得。

根据式（11-24）和式（11-27），通过不断迭代，由相邻航迹段之间的航迹偏角序列 $\Delta\psi_1$，$\Delta\psi_2,\cdots,\Delta\psi_{i-1},\Delta\psi_i,\cdots,\Delta\psi_{N-1}$，可求解出航迹点在极坐标下的极角序列为 $\theta_1,\theta_2,\cdots,\theta_i,\cdots,\theta_{N-1}$。

关于航迹直角坐标的求解，由航迹染色体编码方式可知，通过航迹点的编号 i 可得到其极径 $\rho_i = i\cdot\rho_0$，则给定航迹上第 i 个航迹点在极坐标系下的极坐标为 (ρ_i,θ_i)。

如图 11-12 所示，在以规划起始点 S 为原点，起始点 S 和目标点 T 的连线为极轴建立的航迹极坐标系下，若航迹点 i 的极坐标为 (ρ_i,θ_i)，则可将其转换成数字地图坐标系下的直角坐标 (x_i,y_i)。

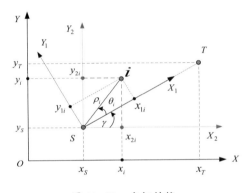

图 11-12　坐标转换

在进行坐标转换时，涉及的坐标系之间的关系描述如式（11-28）。

$$(\rho,\theta)\xrightarrow{\text{正余弦分解}}OX_1Y_1Z\xrightarrow{-\gamma}OX_2Y_2Z\longrightarrow OXYZ\qquad(11\text{-}28)$$

其中，(ρ,θ) 表示航迹极坐标系；OX_1Y_1Z 为以 S 为原点，以 S 和目标点 T 为横轴的直角坐标系；OX_2Y_2Z 为以 S 为原点，原数字地图坐标系经过平移后得到的坐标系；$OXYZ$ 为原数字地图坐标系，(x_S,y_S)、(x_T,y_T) 为 $OXYZ$ 下的坐标，有式（11-29）和式（11-30）。

$$\begin{cases}x_{1i}=\rho_i\cos\theta_i\\y_{1i}=\rho_i\sin\theta_i\end{cases}\qquad(11\text{-}29)$$

$$\begin{bmatrix}x_{2i}\\y_{2i}\end{bmatrix}=\begin{bmatrix}\cos\gamma & -\sin\gamma\\\sin\gamma & \cos\gamma\end{bmatrix}\begin{bmatrix}x_{1i}\\y_{1i}\end{bmatrix}=\begin{bmatrix}\cos\gamma & -\sin\gamma\\\sin\gamma & \cos\gamma\end{bmatrix}\begin{bmatrix}\rho_i\cos\theta_i\\\rho_i\sin\theta_i\end{bmatrix}=\begin{bmatrix}\rho_i\cos(\gamma+\theta_i)\\\rho_i\sin(\gamma+\theta_i)\end{bmatrix}\qquad(11\text{-}30)$$

其中有式（11-31）。

$$\gamma = \arctan(\frac{y_T - y_S}{x_T - x_S})$$ （11-31）

则航迹点 i 在原数字地图坐标系中的坐标为式（11-32）。

$$\begin{cases} x_i = x_{2i} + x_S = \rho_i \cos(\gamma + \theta_i) + x_S \\ y_i = y_{2i} + y_S = \rho_i \sin(\gamma + \theta_i) + y_S \end{cases}$$ （11-32）

11.3.3 建立地形与威胁模型

首先建立规划空间数字地形，然后再根据威胁源建立威胁模型。

1. 建立规划空间数字地形

数字地图是航迹规划的基础。本章进行航迹规划算法仿真验证时，通过算法模拟来生成一块数字地形，以代替真实数字地图，作为航迹规划算法验证的基础。

对于相对独立的山峰的模拟，可以采用以下地形高程函数，如式（11-33）。

$$z(x,y) = z_0 + \sum_{i=1}^{n} z_i \exp\left\{ -(\frac{x - x_{0i}}{x_{si}})^2 - (\frac{y - y_{0i}}{y_{si}})^2 \right\}$$ （11-33）

其中，z_0 为基准地形高程，通常为敌防空区域的最低海拔高度；z_i 为第 i 个山峰顶点的高度，x_{0i}、y_{0i} 为第 i 个山峰顶点的位置参数，x_{si}，y_{si} 为第 i 个山峰沿 x 轴和 y 轴方向与坡度有关的参数。在式（11-33）中，当 $n = 1$ 时，其描述的是孤立的山峰，当 $n > 1$ 时，其描述的是多个山峰的组合。对于山谷的模拟，采用山峰地形的高程负值即可。

采用表 11-1 所示的参数进行山峰模拟仿真，得到的结果如图 11-13 所示。共模拟了 8 座山峰，假设该地区的基准地形高程为 $z_0 = 50$m。

表 11-1　山峰模拟参数表

i	1	2	3	4	5	6	7	8
z_i（m）	600	1100	600	800	700	800	600	700
x_{0i}（km）	30	45	75	75	25	65	55	55
y_{0i}（km）	30	45	80	25	65	55	85	20
x_{si}（km）	7.5	9	6	7.5	9	10.5	7.5	9
y_{si}（km）	9	10.5	7.5	7.5	9	10.5	9	7.5

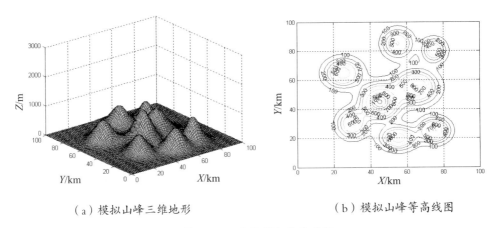

（a）模拟山峰三维地形　　　　　　　（b）模拟山峰等高线图

图 11-13　山峰模拟仿真结果

由图 11-13 可知，运用式（11-33）生成的山峰的轮廓与实际山峰相似。

2. 建立威胁模型

本章对威胁源的威胁模型进行了简化，对航迹段上的每等间隔 ΔT 进行分段取点，如图 11-14 所示。判断航迹段分节点是否在威胁源的威胁范围内，若在威胁范围内，则计算威胁概率。对于威胁类型，本章考虑了两种主要的威胁源：弹炮结合的防空系统和低空探测雷达。

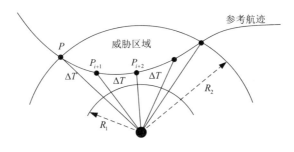

图 11-14　计算威胁代价

弹炮结合是当前防空武器系统设计中的一个重要方面。轻型高炮密集而持续的火力在对付低空突防无人机方面要比地空导弹更为有效。防空火炮一般部署在重要目标的附近，拥有固定的阵地，它对突防飞行器构成的威胁可以用其杀伤概率来描述。杀伤概率公式为式（11-34）。

$$p_{AK} = P_L P_R [1 - (1 - R\sqrt{\frac{N}{2}}/\sigma)^M]^2 \tag{11-34}$$

式中，P_{AK} 为高炮杀伤概率，P_L 为发射可靠概率，P_R 为炮瞄雷达正常工作概率，R 为炮弹杀伤半径，σ 为射击偏差，M 为射击次数，N 为弹幕中的炮弹数。

考虑到各种因素，精确描述雷达的探测特性非常困难，一般用雷达的观测空域来考察其战术性能指标，包括雷达最大和最小作用距离、方位观测范围、仰角观测范围、雷达跟踪距离、制导距离等。雷达主要使用短波。电磁波沿直线传播，能量随传播距离的增加递减，容易受到障碍物和地球曲率的影响，超低空飞行并借助地形掩护是躲避雷达探测的有效手段。在平坦地形上，雷达探测区边界的相对高度和水平距离用式（11-35）表示。

$$h_B = K_R \cdot L^2 \qquad (11\text{-}35)$$

式中 h_B 为探测区域边界的相对高度，K_R 为表示雷达特性的系数（如功率、信噪比等相关系数），L 为水平距离。雷达的盲区一般在离地面很近的区域，式（11-35）表明，距离雷达越远，雷达盲区的高度越高。雷达发现目标的概率用式（11-36）表示。

$$P_D = e^{\frac{h_B}{h} - \frac{R^4}{R_{\max}^4}} \qquad (11\text{-}36)$$

式中 h 为飞行器的飞行高度，R 为飞行器离雷达的径向距离。

因此，对于处于威胁源威胁范围内的航迹段（如图 11-14 所示）的威胁概率计算如式（11-37）。

$$W_{th} = \frac{\sum_{j=0}^{m-1} \left(\sum_{i=0}^{n_j-1} (p_i + p_{i+1}) \Delta T / 2 \right)}{L} \qquad (11\text{-}37)$$

式中 $\Delta T = \sqrt{\Delta T_x^2 + \Delta T_y^2}$，$\Delta T_x$、$\Delta T_y$ 为数字地图 X 方向和 Y 方向上的步长；m 为参考航迹的节点数；n_j 为第 j 段航迹段按间隔 ΔT 分段得到的分节点数。

11.3.4 建立航迹适应度函数

先设计航迹代价函数，然后选取航迹适应度函数。

1. 设计航迹代价函数

在构建航迹代价函数时，本小节对航迹规划约束中"软约束"的雷达等威胁概率 W_{th}，和需要优化项如航程 L、高度 H 设计优化函数；对航迹规划约束中的"硬约束"的最大航迹高度 $H_{\max}$、最大航迹长度 $L_{\max}$、由目标点约束转化而来的末端航迹偏角 $\Delta \psi_T$ 设计惩罚函数。

若一条航迹由 X 表示，则其代价函数由优化项 f_1 和惩罚项 f_2 组成，即式（11-38）。

$$f_{\text{cost}}(X) = f_1(X) + f_2(X) = \sum_{i=1}^{3} w_i \cdot f_i(X) + \sum_{i=1}^{3} \omega_i \cdot g_i(X) \qquad (11\text{-}38)$$

航迹代价函数优化项为式（11-39）。

$$f_1(X) = w_L \cdot f_L(X) + w_H \cdot f_H(X) + w_{P_d} \cdot f_{W_{th}}(X) \qquad (11\text{-}39)$$

其中，$f_L(X)$、$f_H(X)$、$f_{W_{th}}(X)$ 分别表示航迹代价中的航迹长度代价、航迹高度代价和威胁概率代价。为了方便，统一将其简写为 f_L、f_H、$f_{W_{th}}$。

航迹长度代价 $f_L = \sum_{i=1}^{N} L_i = \sum_{i=0}^{N-1} l_{i,i+1}$。其中，$l_{i,i+1}$ 为航迹段 $[i, i+1]$ 的长度，假设规划起始点 S 为第 0 个航迹，目标点 T 为第 N 个航迹。

航迹高度代价 $f_H = \sum_{i=0}^{N-1} \overline{H_i} = \sum_{i=0}^{N-1} (h_i + h_{i+1})/2$，为各段航迹的平均高度之和。其中，$h_i$、$h_{i+1}$ 为第 i 个和第 $i+1$ 个航迹点的高度。

威胁概率代价 $f_{W_{th}} = W_{th}$，根据威胁源威胁范围内的航迹段威胁概率计算得出。

在式（11-39）中，w_L、w_H、$w_{W_{th}}$ 为对应的各航迹子代价在航迹总代价中所占的权重，应满足 $w_L + w_H + w_{W_{th}} = 1$。

在航迹代价函数中，需要进行惩罚的项包括：高度超出无人机最大飞行高度 $H_{\max}$ 的航迹个体、航迹长度大于无人机最大航程 $L_{\max}$ 的航迹个体，以及末端航迹偏角 $\Delta\psi_T$ 超出最大航迹偏角 $\Delta\psi_{\max}$ 的航迹个体。设计其惩罚函数为式（11-40）。

$$f_2 = \sum_{i=1}^{3} \omega_i \cdot g_i(X) \qquad (11\text{-}40)$$

则有式（11-41）、式（11-42）、式（11-43）。

$$g_1(X) = \begin{cases} 0, & \max[H(X)] \leqslant H_{\max} \\ \max[H(X)] - H_{\max}, & \max[H(X)] > H_{\max} \end{cases} \qquad (11\text{-}41)$$

$$g_2(X) = \begin{cases} 0, & L \leqslant L_{\max} \\ L - L_{\max}, & L > L_{\max} \end{cases} \qquad (11\text{-}42)$$

$$g_3(X) = \begin{cases} 0, & |\Delta\psi_T| \leqslant \Delta\psi_{\max} \\ |\Delta\psi_T| - \Delta\psi_{\max}, & |\Delta\psi_T| > \Delta\psi_{\max} \end{cases} \qquad (11\text{-}43)$$

其中，$g_i(X)$ 表示对第 i 项的惩罚函数，ω_i 为惩罚因子，X 为航迹个体，$\max[H(X)]$ 指整条航迹 X 上航迹点的最大高程，L 为航迹 X 的航迹程度，$\Delta\psi_T$ 为航迹 X 的末端航迹偏角。

2. 选取航迹适应度函数

在式（11-38）所表示的航迹代价函数中，对于优化项 f_1，各项取值应尽可能小，即航迹长度应可能短，航迹高度尽可能低，无人机被雷达发现的概率尽可能小，无人机撞地概率尽可能小。对于惩罚项来说，一条可行的航迹其值应为 0。所以，整个航迹规划问题为最小化问题，又因

$f_{cost}(X) \geq 0$，故航迹适应度函数为式（11-44）。

$$fitness(X) = \frac{1}{f_{cost}(X)}$$ （11-44）

其中，$f_{cost}(X)$ 为航迹染色体 X 的代价。经过转化，航迹规划问题从代价最小化问题变成遗传进化中的航迹适应度最大化问题。经过世代进化，得到适应度最大、突防代价最小的无人机三维航迹。

11.3.5 设计遗传操作算子

采用基本遗传操作算子，并做局部改进，即采用自适应交叉率和变异率，增加保优算子。

（1）选择算子。采用基本的轮盘赌选择算子。

（2）交叉算子。编码采用基于航迹偏角的定长实值的编码方式，由于编码方式的固化约束作用，基因重组不会破坏极坐标编码方式的初衷，即随着基因的交叉重组，不会产生超越最小航迹步长约束 l_{min}、最大航迹节点数约束 N_{max}、最大航迹偏角约束 $\Delta\psi_{max}$ 的不可行航迹染色体。故本小节采用基本的单点交叉，不采取任何修复策略。

（3）变异算子。由于染色体编码时，基因存在取值范围，即 $g_i \in [-M, \cdots, -2, -1, 0, 1, 2, \cdots, M]$，故变异不能破坏这个约束。在航迹染色体世代进化时，采取在 $[-M, M]$ 内进行实值变异。

（4）保优算子。为了不破坏当代优良个体，加速进化的进程，将当代中适应度最大的四个染色体不经过交叉和变异运算直接复制到下一代中去，直到被进化产生的更优个体所取代为止。

对于算法参数，采用自适应交叉率和变异率，如式（11-45）和式（11-46）。

$$P_c = \begin{cases} P_{c1} - \dfrac{(P_{c1} - P_{c2})(f' - f_{avg})}{f_{max} - f_{avg}}, & f' \geq f_{avg} \\ P_{c1}, & f' < f_{avg} \end{cases}$$ （11-45）

$$P_m = \begin{cases} P_{m1} - \dfrac{(P_{m1} - P_{m2})(f_{max} - f)}{f_{max} - f_{avg}}, & f \geq f_{avg} \\ P_{m1}, & f < f_{avg} \end{cases}$$ （11-46）

其中，f_{avg} 为每代群体的平均适应度，f_{max} 为群体中的最大适应度，f' 为要交叉的两个个体中较大的适应度值，f 为要变异个体的适应度。

11.3.6 仿真验证

仿真在 Matlab 7.01 下运行，在 11.3.3 小节所讲的地形的基础上选取五个威胁，其参数如表

11-2 所示。

表 11-2　威胁参数设置

参数	1	2	3	4	5
横坐标 x_{Ri}（km）	25	45	60	75	75
纵坐标 y_{Ri}（km）	50	25	60	75	30
最大作用半径（km）	8	12	10	8	15

设置起始点 S（15km,15km），目标点 T（85km,85km），航迹代价优化项权重系数如表 11-3 所示。

表 11-3　航迹代价优化项权重

航迹长度权重 w_L	0.1582
威胁概率权重 w_{P_d}	0.5366
航迹高度权重 w_H	0.3052

遗传算法参数设置如表 11-4 所示。

表 11-4　遗传算法参数设置

种群数目 pop_size	100	最大进化代数 gen_max	300
自适应交叉率 P_{c1}	0.9	自适应交叉率 P_{c2}	0.6
自适应变异率 P_{m1}	0.01	自适应变异率 P_{m2}	0.001

仿真结果如图 11-15 所示。

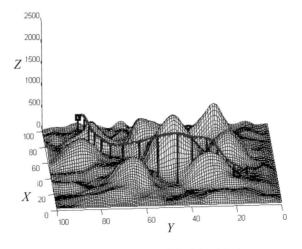

图 11-15　三维航迹规划仿真

仿真结果：航迹长度为 108.1918km，航迹点平均高度为 758.0810m，航迹规划时间为 61.1311s。从仿真结果可以看出，航迹满足预定要求，可以进行进一步设计。

11.4　本章小结

本章对无人机编队飞行中的航迹规划方法进行了归纳、分析和总结，简单介绍了几种经典的航迹规划方法，然后分别对两种不同的算法进行了改进和仿真，并选用了适合三维编队飞行的一种算法，从而获得了无人机的可飞航迹。

第 12 章

基于 Muti-Agent 的多无人机协同控制仿真平台的设计与实现

由于无人机协同控制飞行对应的作战环境复杂，作战时间较长，并且环境因素对无人机协同控制算法影响较大，因此有必要建立相应的多无人机协同控制飞行视景仿真系统，对相关算法进行仿真验证，虚拟再现飞行过程，来降低实验的风险和成本，便于进一步对多无人机协同控制理论进行研究。

多无人机协同控制飞行视景仿真系统需要对不同的算法进行仿真，有一定的通用性要求；要逼真模拟飞行过程和三维场景，对真实性有一定要求；对于大的仿真场景，实时性要求也比较高。现有的仿真系统针对的设计对象和本书中的对象有一定区别，导致系统在功能上和设计思路上也有区别，因此需要针对协同控制飞行这个仿真对象，设计出能满足上述要求的仿真系统。

本章采用高层体系结构(High Level Architecture, HLA)作为设计标准，针对多无人机系统，设计并实现了分布式、通用且能逼真模拟协同控制飞行过程的三维仿真系统。仿真实验人员只需知道多无人机仿真系统的接口，就可以实现对多无人机协同控制算法的仿真、实验和验证。

多无人机协同控制视景仿真系统设计

对于协同控制系统来说，建立仿真系统的目的就是模拟真实的无人机本体和外界环境，为分析、设计和检验多无人机协同控制中的协同与飞行控制算法提供对象和平台，为预测和评估作战效能提供依据，为战场可视化提供模型。其功能和过程都以实际无人机体系结构和环境为原型，保证对所设计的协同控制算法的有效测试。

12.1.1 多无人机协同控制视景仿真系统功能描述

视景仿真技术是充分利用计算机硬件和软件资源的集成技术，提供一种实时的三维虚拟环境，用户可根据自身的感受，通过多种传感设备，使用人的自然技能对虚拟环境中的物体进行考察或操作，参与其中的事件。用户可获得视觉、听觉、触觉等直观而自然的实时感知，从而"沉浸"于虚拟环境中。虚拟环境是由计算机生成的具有双视点的、实时动态的三维立体逼真图像，它可以是某一现实世界的真实再现，也可以是构想的虚拟世界。

根据无人机协同飞行控制算法的特点，建立无人机协同控制飞行控制算法仿真系统应该满足以下要求。

1. 通用性

针对不同的无人机协同控制算法，只需替换飞行控制算法模块，即可完成协同飞行控制的视景仿真。无人机在执行其他协同任务的飞行控制算法时，也只需要遵守该仿真平台的接口标准，即可进行飞行过程的视景仿真。

2. 真实性

尽可能真实地模拟作战的物理环境和战场环境。物理环境包括温度场、风场、地磁场、电磁干扰、近距飞行时其他无人机产生的尾流场等；战场环境包括战场区域、天气、敌方威胁、敌方目标等。同时尽可能真实地模拟无人机的运动过程、飞行控制系统、导航系统和通信系统、地面任务管理系统等。

3. 实时再现性

能够实时虚拟再现场景，应当具有机场（包括机场跑道、跑道灯、塔台）及周围建筑、地面等模型的真实再现功能；为了达到实时性要求，机场个数假定在十个以内，同时机场附近的场景基本一致，但是有细微区别。而对于非机场附近的场景可以采用粗略场景模式，只保留地面的地形和纹理，能够使无人机进行无限大地形飞行即可。对于危险区域用彩色光柱模拟即可，以便在满足虚拟现实系统的真实性要求的同时，满足实时性要求。

4. 扩展性

能够支持增加新的无人机类型，针对不同研究目的可以扩充一些环节，如完整的运动控制还应该包括故障检测、飞行重构和容错控制过程。在增加无人机类型和扩充相应的环节时不需要对仿真系统进行重新开发，而只需扩展相应的模块即可。

5. 易用性

针对不同的任务和飞行控制要求，能够方便地进行相应的仿真设置。在飞行过程中应有视角切换功能，以观察不同的战场环境和飞行环节，并能记录和回放飞行过程。

无人机飞行场景模拟对无人机视景仿真的真实性和实时性有重要意义。图 12-1 所示为无人机飞行场景模拟的示意图。

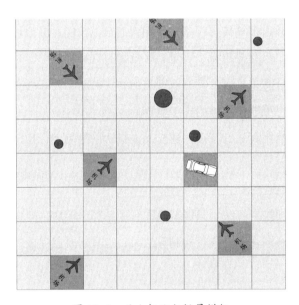

图 12-1　无人机飞行场景模拟

图中灰色方框为机场区域和目标跟踪区域，该区域需要观察地面滑跑和地面目标运动过程，需精确模拟机场跑道、设施和周围建筑物，所以在这些区域需要采用场景管理系统精确显示；空白区域为巡航飞行的区域，因为该过程主要是观察飞机飞行的位置和姿态等参数，同时距地面较远，所以可以采用粗略大地形显示方法进行粗略显示；灰色圆圈为热点区域，用来表示危险区域、敌方基地、目标区域等，可以用光柱显示，不同的颜色表示不同的含义，例如，用红色光柱表示该空域有雷达危险，用蓝色光柱表示目标攻击地点。

通过上面的处理，可以保证整个作战场景的实时渲染，又能模拟作战环境，还便于用户根据作战需要定制作战场景。

12.1.2 多无人机协同控制仿真系统结构

在控制飞行过程的仿真中，每架无人机系统的仿真计算量都相对较大，所以其结构应该是分布式的。HLA 是目前分布式交互仿真的标准，它通过提供一个开放的体系结构，实现不同仿真应用的重用与互操作，支持用户分布、协同地开发复杂仿真应用系统，并最终降低开发新应用系统的成本和时间，所以本章采用 HLA 标准来设计该系统。图 12-2 描述了基于 HLA 的仿真平台框架和功能组件。

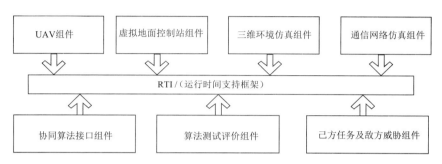

图 12-2　基于 HLA 的仿真平台框架

仿真平台包括七个主要组件：UAV 组件，可以根据仿真需求在仿真系统中包括 N 个 UAV 组件；多无人机虚拟地面控制站组件；三维环境仿真组件；通信网络仿真组件；协同算法接口组件；算法测试评价组件；己方任务及敌方威胁组件。

其中 UAV 组件主要是模拟 UAV 的真实飞行过程；多无人机虚拟地面控制站组件主要模拟多机地面站控制与指挥系统；三维环境仿真组件主要仿真无人机飞行的外界环境，包括三维地形，地形上的机场、植被、目标等精致场景，以及雨、雪、雾、霜等自然气候条件等；通信网络仿真组件主要模拟无人机与地面站、地面站与 ISR 平台、指控系统与无人机之间的通信过程；协同算法接口组件主要是为设计的协同算法提供接口；算法测试评价组件主要是对协同算法进行评估评价；己方任务及敌方威胁组件主要是模拟己方的任务和敌方威胁环境的信息。

根据上面的设计框架，考虑到各工作站计算量的均衡性和操作的便捷性，设计的具体组成结构如图 12-3 所示。

UAV 工作站用来进行 UAV 飞行控制系统仿真和动力学仿真，而进行动力学仿真必须获取环境参数和各种无人机的性能参数模型，所以 UAV 工作站应包括 UAV 飞行控制仿真模块、动力学仿真模块、环境参数数据库和无人机参数数据库。

三维环境仿真工作站用来进行三维显示，应该包含三维地形的高程和纹理数据库。同时要有机场和目标等精致场景的场景信息数据库，还要加入雨雪等自然气候仿真模块，并建立无人机三维模型库，预留无人机位置信息及姿态信息等飞参信息的接口模块，以便三维交互显示各种无人机的飞行过程。为了便于从各个不同的视角进行观察，还需建立三维视角变换观察模块。

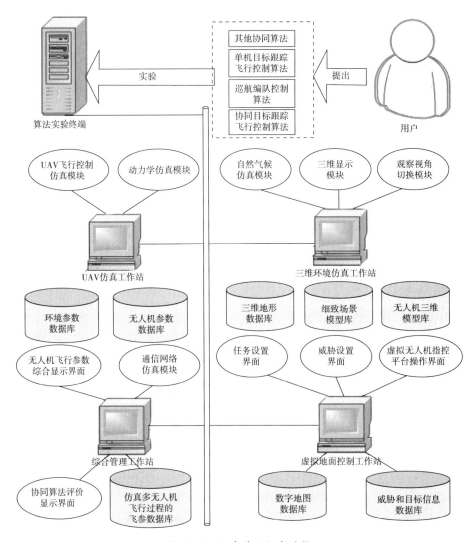

图 12-3　仿真系统组成结构

综合管理工作站用来完成多 UAV 飞行参数综合显示和通信网络仿真。各个工作站之间采用局域网互连通信。

虚拟地面控制工作站用于放置 UAV 虚拟控制站组件，并进行目标任务和敌方威胁的设置，同时为了便于敌方威胁设置和目标设置，还应将二维数字地图及威胁数据库置于该工作站。

算法实验终端用来测试各种相关的算法。

12.1.3 软件运行流程

根据上面的仿真平台结构设计图，结合无人机控制飞行过程的特点，设计出无人机仿真平台的运行流程如下。

（1）用户通过任务设置界面和威胁设计界面给出目标任务。

（2）通过各架无人机的飞行参数信息、目标信息、威胁数据库等信息，采用用户给定的控制算法求解出每架无人机的高层控制输入，并可通过威胁界面设置意外威胁，进行实时规划。

（3）将高层控制输入信息传送给无人机自动飞行控制仿真模块，得到无人机方向舵和发动机推力等控制量。

（4）解算出该无人机与时间相关的飞行参数信息。

（5）将所有无人机的飞行参数信息和飞机型号发送给协同算法工作站、三维仿真环境工作站和数字地图。

（6）三维仿真环境工作站通过调用三维地形高程数据库和三维地形纹理数据库的地形数据、每架无人机的三维模型、自然气候仿真模型、观察视角模块，实现实时的三维仿真显示，在显示过程中可实时改变观察视点。

（7）根据飞行参数，在数字地图上真实跟踪飞行过程。

（8）仿真结束后，对该协同算法进行评价，并将评价结果显示在 UAV 仿真工作站的界面上。

（9）将每架无人机在整个飞行过程中的飞行参数和飞行控制记录下来写入文件，生成多无人机飞行参数及飞行控制参数的文件数据库。这些数据将提供整个多无人机系统的飞行过程的回放。

12.2 实现多无人机协同控制仿真系统的关键技术

多无人机协同控制仿真系统主要包括五个方面：无人机飞行运动系统的仿真、无人机飞行三维场景的仿真、无人机综合地面控制工作站的仿真、综合管理工作站的仿真和各个仿真终端的网络通信。

无人机综合地面控制工作站的仿真只需要简单地模拟现有的无人机地面控制站的功能，用现有的地面控制工作站的开发技术即可解决。综合管理工作站的仿真主要是数据库写入和写出操作及简单的信息处理工作，实现相对简单。网络通信方面采用 SOCKET 的网络通信程序，也相对简单。

因此，关于无人机甚至飞行器的仿真系统的设计与实现主要关注两点：一是三维场景显示，即怎样在保证三维场景视觉上的真实性的同时，在一般的 PC 机上保持场景渲染的实时性；二是飞行器动力学仿真，即怎样逼真地模拟飞行器的真实飞行过程。

对于三维场景的真实性和实时性的平衡，主要是在飞行仿真时需要显示大区域的飞行地形，所以不得不采用粗略显示的方式。而在机场和目标等地方需要细致地观察机场和目标区域的景物，所以采用精确显示方式。那么，细致场景中的物体管理、粗略地形和精致地形中的切换和管理将是实现的难点。

以下将从无人机运动学仿真、机场和目标附近区域的场景管理、无限大地形的管理三个方面来阐述多无人机协同控制仿真系统的关键技术。

12.2.1 无人机运动学仿真实现方法

无人机运动学仿真包括大气环境模块、飞行器本体模块和姿态控制器，其中飞行器本体模块又包括舵机模块、发动机模块、气动计算模块和六自由度动力学模块。按照模块化设计思想，编写软件时采用模块化结构，各子模块可以相互调用，以达到驱动无人机运动的目的，其结构如图 12-4 所示。

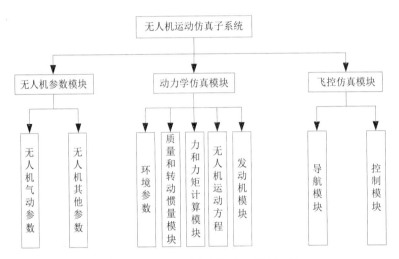

图 12-4　无人机运动仿真子系统构成

（1）无人机参数模块主要用来设置无人机的各种参数。

（2）环境参数模块主要用来接收由综合管理工作站传来的环境参数，如地面摩擦系数、空气密度等，然后传送给力和力矩计算等模块。

（3）质量和转动惯量模块主要用来计算无人机的转动惯量，无人机质量在系统仿真中被定义为常数。

（4）力和力矩计算模块主要用来计算无人机在地面受到的摩擦力、支撑力和空中的空气动力及力矩等。

（5）发动机模块主要用来计算推力。

（6）无人机运动方程模块主要用来进行无人机运动方程的解算。

（7）导航、控制模块主要用来实现无人机按照预定航路和要求飞行。

鉴于建模的复杂性且相关参数不易获得，本章使用针对 Aerosonde 无人机的 Aerosim 工具箱对无人机飞行控制律进行设计，设计方法采用第 9 章的无人机姿态控制器和导航控制器的设计方法，实现无人机运动学模块的仿真。图 12-5 为 Aerosim 的运动模型模块，模拟该飞机的运动学模型和发动机模型等功能，其主要输入是控制量的集合（CONTRL 接口）和风速输入（Winds），主要输出为无人机的飞行参数（Aircraft State）。

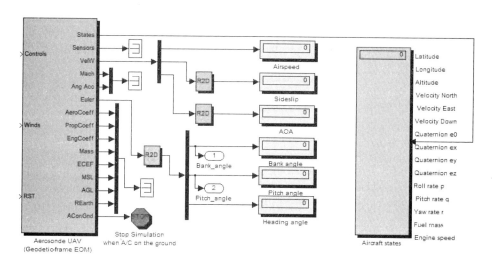

图 12-5　Aerosim 的运动模型模块 Simulink 图

利用第 9 章的方法进行相应的控制器设计，其 Simulink 仿真图如图 12-6 所示。其中 Autopilot 模块为姿态控制模块，可以模拟无人机姿态控制，其输出为油门、升降舵、方向舵、副翼等控制量，输入为偏航角速度、速度和高度等高层控制量。

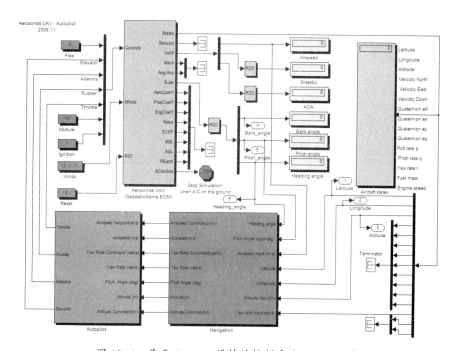

图 12-6　基于 Aerosim 设计的控制系统 Simulink 图

本章的导航、目标跟踪、巡航编队和协同目标跟踪等飞行控制算法均可接受仿真模块中飞行参数的信息，并传输给 Autopilot 模块，以导航算法为例形成了一个控制闭环。Navigation 为导航算法模块，根据不同算法可以采用其他控制模块，如单机目标跟踪控制模块、编队控制模块、协同目标跟踪控制模块来替换该模块，形成控制闭环。

12.2.2 无限大地形生成方法

LOD（Levels Of Detail，多细节层次）是实现地形精简的重要方法，但对于多无人机协同控制飞行仿真来说，其要求地形规模异常庞大，LOD 算法只是精简了显卡的负担和显存数据里的数据量，并不能精简内存里地形信息的数据量。也就是说，内存也需要提前读取所有的地形信息。对于超级大的地形，例如，飞行区域覆盖面积是 2000km×2000km，相邻两高程点之间的距离是 10m，则地形网格的大小为 $2 \times 10^5 \times 2 \times 10^5$，仍然以每个数据 2 字节计算，需占据内存近 80G，显然现有内存肯定不能满足要求，那么要求内存从硬盘读取数据的时候就得开始精简地形数据信息。

对于大规模地形绘制，现有的解决方法是：内存只需装入"眼睛"能看到的区域的地形数据即可，这样可以大大地节省内存空间和减小计算、渲染负担。当视点在地形中漫游时，视野区域不断变化，这必然会导致频繁地读取外存数据，而磁盘访问的速度远远低于内存访问和处理器速度，很可能使外存数据读取成为制约程序性能的瓶颈。对于该瓶颈的主要解决方法是，提出一种"瓷砖"分页技术来提高磁盘数据读取的效率。但是该方法对硬件的要求很高，同时真实的地形数据生成与获取不易。

对于仿真来说，除非是对地形真实度要求很高的实战型模拟飞行训练，其他的飞行视景仿真情形（如本章的多无人机协同控制飞行仿真）可用虚拟地形代替，只需让地形"看起来"真实就可以了。大地形由无数个精简的虚拟地形和少量的精致地形构成，这样就可以采用相似地形循环平铺的办法来解决大地形甚至是无限大地形的渲染问题。

它的大致思路是，地形数据是有限的，待飞机飞出地形区域时，用相同的地形块循环平铺显示。但当地形两端高程不一致时，会使两块地形衔接不上，可以通过人工手法对地形边缘数据进行处理，使上、下、左、右四条边缘的高度一致，才不会出现裂缝。这样处理后，导入内存的数据就仅仅是几块虚拟地形的数据和精致场景的数据信息，内存要求也就不会太高。

对于场景来说，虚拟地形的数量越大，地形视觉的真实性越强，对内存的要求也越高，反之亦然，所以可以根据内存选择合适的地形数据。将地形数据导入内存后，通过视点判断要渲染的地形信息，确定导入显存的地形块信息，即可完成渲染。

12.2.3 细节场景的管理和实现方法

在地场等精致场景的虚拟仿真中需要有大量的物体，比如在机场场景的仿真中有信号塔、飞机、工作人员、旗子、建筑物、拖车、工具箱、石块、跑道灯等物体，这些物体所代表的多边形网格非常多，如果不在渲染流水线中删除，将会给显卡造成过多的负担。虽然在渲染流水线中通过裁剪的方法可以将在视景体外的物体剔除掉，但是仅用这种方法，很多物体并不能被剔除掉，例如很长的物体、包括多个部分的物体等。

上述方法对于物体不多的室外场景是可以的，但当场景中的物体过多时，将会造成非常大的显卡负担。另外，由于物体深度不同，其渲染顺序也应该不一样，深度大的物体如果后渲染，可能会造成本应在前面的物体被后面的物体遮挡。因此需要用一种数据结构把这些物体组织起来，判断物体是否显示和显示的顺序，现在通用的方法是基于二元空间划分的方法。

二元空间划分是一种三维空间划分算法，以初始空间和离散计算换取更高的运行性能，它将一组多边形作为输入，创建一个二叉树结构。创建思路是用分隔面将空间分成凸形子空间，分隔面可能与坐标轴平等，也可能与多边形共面，通过选择合适的空间来划分分隔面，可以将多边形均匀地划分到子空间。那么在生成的 BSP 树中，每个节点确定一个子空间，从而可以创建 BSP 的树，具体方法如下。

（1）用某种试探方法从链表中选择一个多边形，将其作为分隔面。如果列表中没有其他多边形，则算法结束。

（2）创建两个子列表，它们分别是位于分隔面的前面和后面的多边形，然后分隔平面的 BSP 节点的 front 和 back 指针分别指向它们。

（3）递归处理 front 指针指向的列表。

（4）递归处理 back 指针指向的列表。

上述方法可以把场景中的物体组织成一个二叉树，那么渲染该场景可以通过分隔面来判断。通过从顶层往底层遍历，如果该视点看不到前面或后面的分隔面，那么其后面的子节点也均不在视线之内，只需遍历到该节点之上即可，然后将遍历的物体放入渲染管线中。依此类推，可以用二元空间划分方法来判断物体的碰撞和显示顺序。通过上述方法即可完成精致场景物体的组织和渲染。

12.3　视景仿真实验

视景仿真系统采用 OGRE 引擎进行编程，地面纹理贴图来自 Google 地图，通过 Matlab 的 UDP

网络模块，将 Simulink 仿真数据发送至视景仿真系统中，进行三维视景仿真演示。

图 12-7 和图 12-8 是两个不同视角下的无人机编队飞行的三维仿真图，其中白色矩形框内的为无人机。

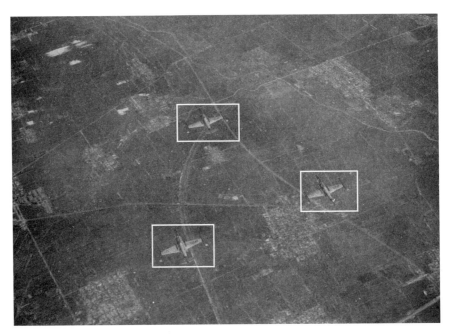

图 12-7　高空视点下的无人机编队飞行的三维仿真图

图 12-8　侧面视点下的无人机编队飞行的三维仿真图

图 12-9 和图 12-10 是两个不同视角下的目标跟踪飞行的三维仿真图。

图 12-9　高空视点下的目标跟踪飞行的三维仿真图

图 12-10　侧面视点下的目标跟踪飞行的三维仿真图

12.4　本章小结

　　本章基于 HLA 标准设计并实现了针对协同控制飞行过程的三维仿真测试平台，用户只需要了解算法的实验终端工作站的接口，就可以设计自己的算法并在该仿真平台上进行实验。该仿真平台为用户进行多无人机协同控制算法的理论验证、算法实验、三维实时仿真提供了支持。最后采用该仿真平台对编队控制算法、多机目标跟踪飞行控制算法进行了三维仿真实验，可以看出该仿真平台能够实时地进行仿真实验。